算Ⅰ①

月　日

点/6点

```
      1             1  7
 3 ) 5  1      3 ) 5  1
     3              3  ↓
     2              2  1
                    2  1
                       0
```

1．わられる数の一の位をかくして考えます。

5÷3＝1…2

2．一の位の1をおろす。

21÷3＝7

① 2)50

② 2)76

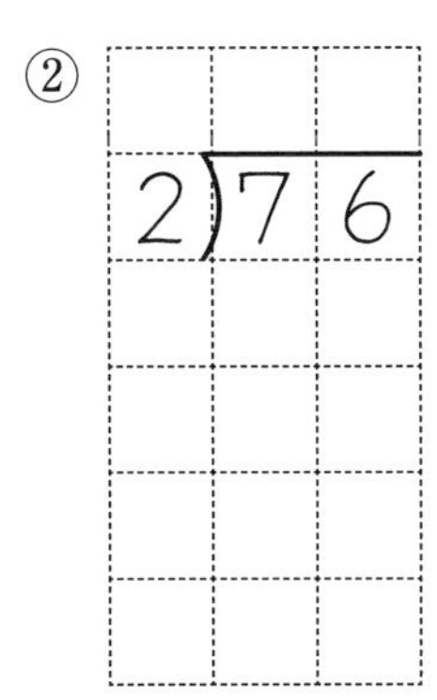

③ 2)92

④ 3)42

⑤ 3)75

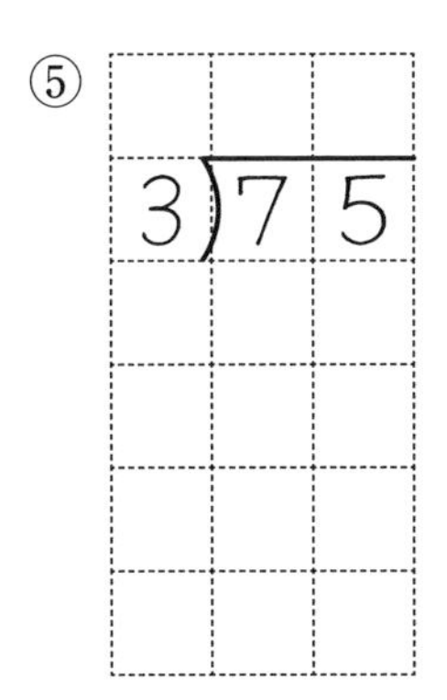

⑥ 3)84

おうちの方へ

1けたのわり算は、わられる数の大きい位から順にすれば簡単です。
はじめの3ページは、あまりがありません。

わり算Ⅰ②

月　日

点/8点

① 2)90

② 2)54

③ 3)72

④
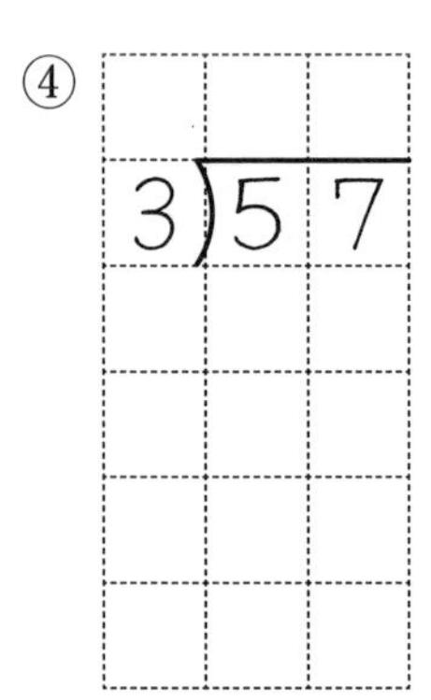

⑤
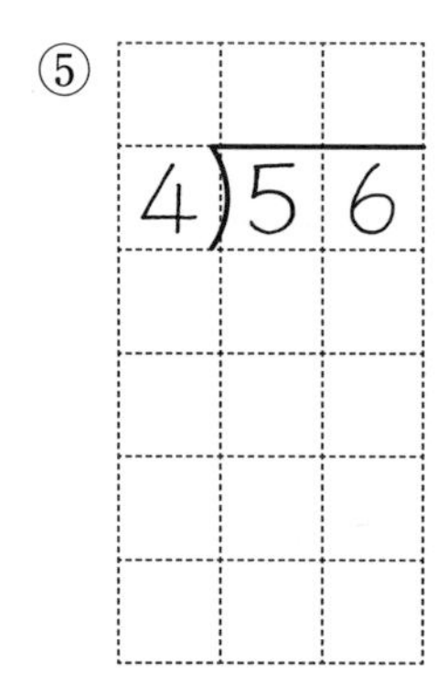

⑥ 4)68

⑦ 5)65

⑧
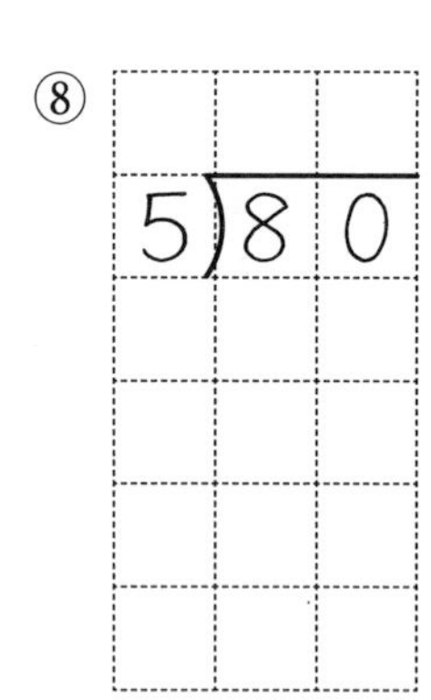

わり算Ⅰ③

月　　日

点/8点

① 6)96

② 6)84

③ 6)78

④ 7)84

⑤ 8)96

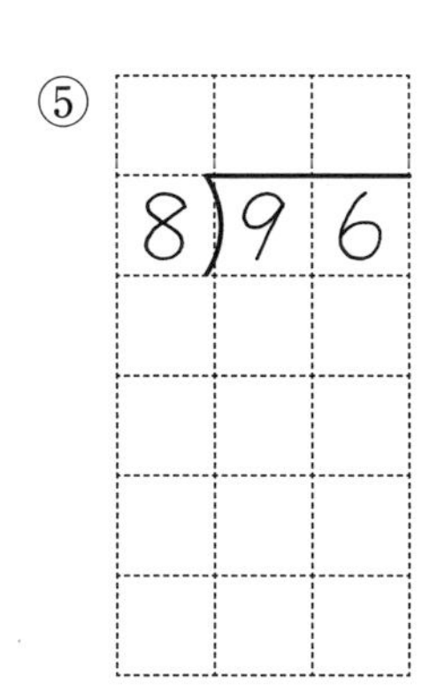

⑥ 7)98

⑦ 7)91

⑧ 7)77

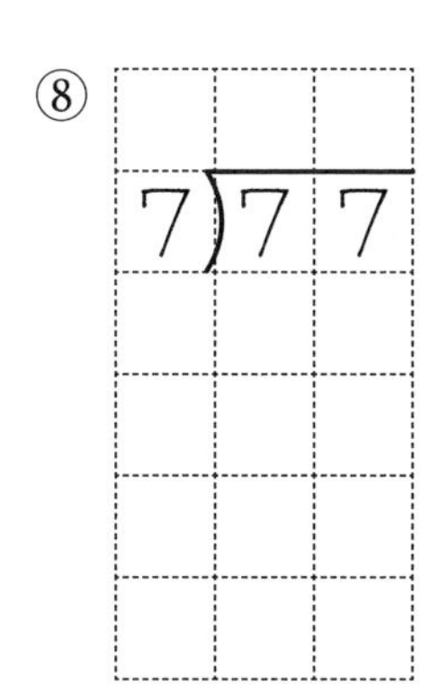

わり算Ⅰ④

月　　日

点/6点

	1	3
7)	9	2
	7	
	2	2
	2	1
		1 ←あまり

こんどは、あまりも出るよ。

① 2)73

② 3)80

③ 5)79

④ 4)65

⑤ 6)92

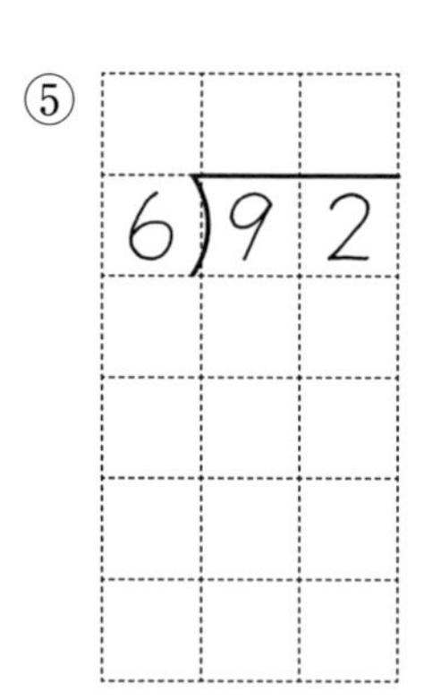

⑥ 8)89

わり算Ⅰ⑤

月　日

点/8点

① 3)88

② 5)83

③ 2)95

④ 6)89

⑤ 4)75

⑥ 7)80

⑦ 5)96

⑧ 8)91

あまりは
わる数より
小さいよ。

6 わり算Ⅰ⑥

月　日

点/3点

わられる数のけた数が大きくなっても、今までのやり方でできそうですね。

1．百の位から計算をします。

```
   1
2)370
  2
  1
```

2．十の位の計算をします。

```
   18
2)370
  2↓
  17
  16
   1
```

3．一の位を計算し、完成です。

```
   185
2)370
  2
  17
  16
   10
   10
    0
```

① $4\overline{)584}$

② $6\overline{)816}$

③ $3\overline{)585}$

おうちの方へ　わられる数が3けたになっても、大きい位から順に計算します。今までと同じやり方です。

わり算Ⅰ⑦

月　日

点/6点

同じやり方ですよ。順番にしましょう。

① 5)625

② 7)882

③ 8)920

④ 6)852

⑤ 5)745

⑥ 4)700

わり算Ⅰ⑧

月　　日

点/4点

1．百の位の計算

2．十の位の計算　0がたちます。

3．一の位の計算

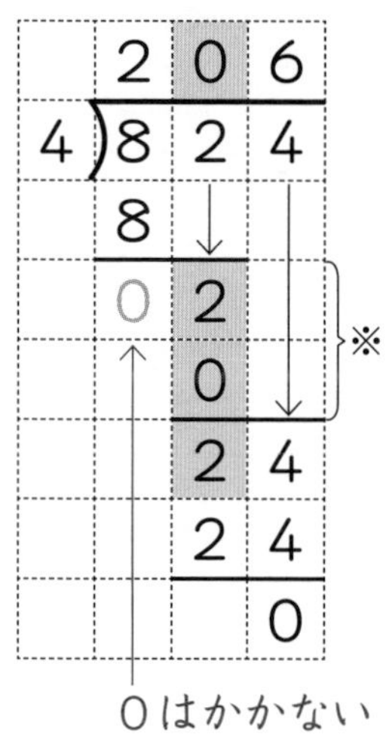

とちゅうに、
0をたてるよ。

① 6)648

② 3)312

③ 5)535

④ 2)814

おうちの方へ

※印のところを省くのは、なれてからでいいでしょう。子どもが「ここ書かなくてもいい？」と言ってきたら、そうさせてください。

9 わり算Ⅰ⑨

月　　日

点/6点

ここから、あまりがありますよ。

① $2\overline{)421}$

② $3\overline{)752}$

③ $4\overline{)843}$

④ $6\overline{)782}$

⑤ $5\overline{)553}$

⑥ $8\overline{)965}$

10

わり算Ⅰ ⑩

月　　日

点/6点

あまりがあるわり算、あまりがないわり算がまざっています。

① 3)681

② 7)798

③ 5)738

④ 8)850

⑤ 6)900

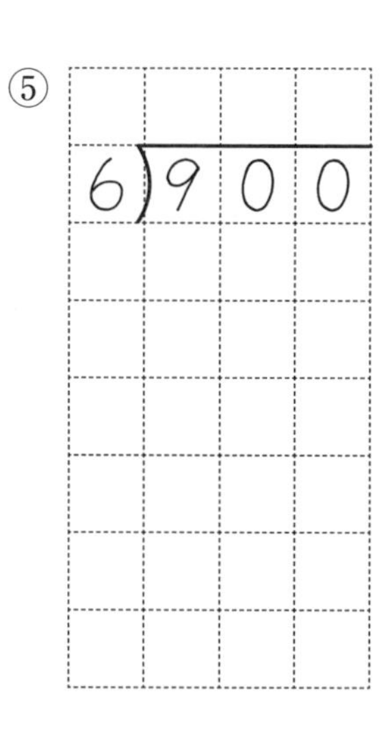

⑥ 4)715

わり算Ⅰ⑪

月　　日

点/6点

	×	8	
3)	2	6	4
	2	4	
		2	

		8	8
3)	2	6	4
	2	4	
		2	4
		2	4
			0

1．百の位から計算します。
　2÷3は、0なので×
2．十の位は26÷3で8をたてて計算します。
3．一の位の計算をします。

① 2)170

② 3)234

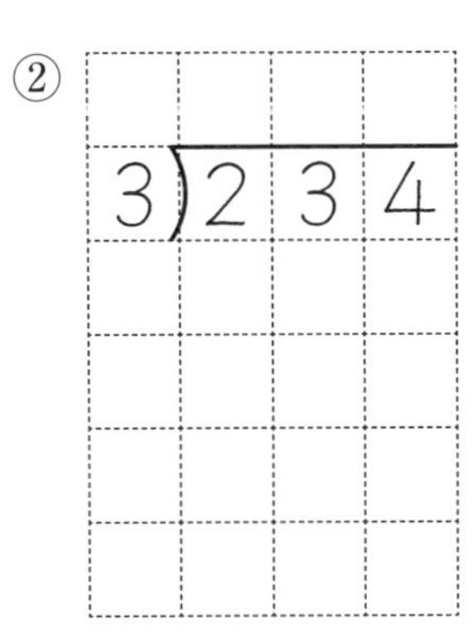

③ 5)380

④ 7)476

⑤ 6)432

⑥ 4)328

おうちの方へ　わり算は、どの位に商がたつかが重要です。
ここは、百の位に商がたたないわり算の練習です。

わり算Ⅰ⑫

月　　日

点/8点

① $4\overline{)372}$

② $8\overline{)608}$

③ $5\overline{)315}$

④ $3\overline{)228}$

⑤ $6\overline{)276}$

⑥ $2\overline{)155}$

⑦ $7\overline{)472}$

⑧ $9\overline{)505}$

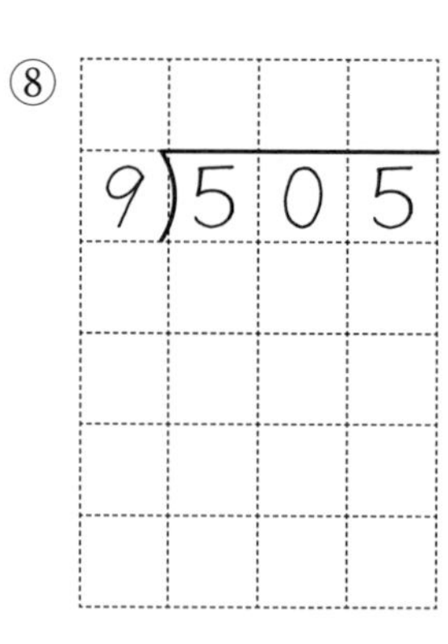

わり算に
なれましたか。

13

分数の計算①

月　日

点/12点

1．次の仮分数を帯分数か整数に直しましょう。

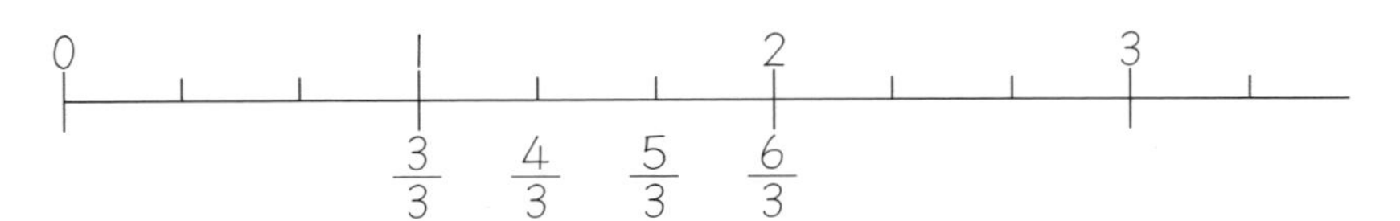

① $\frac{3}{3}=$　　② $\frac{4}{3}=\ —$　　③ $\frac{5}{3}=\ —$

④ $\frac{6}{3}=$　　⑤ $\frac{5}{4}=\ —$　　⑥ $\frac{7}{4}=\ —$

2．次の帯分数を仮分数に直しましょう。

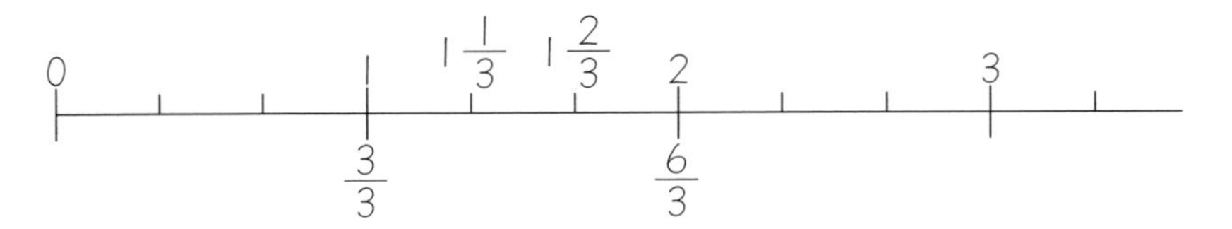

① $1\frac{1}{3}=—$　　② $1\frac{2}{3}=—$　　③ $1\frac{1}{4}=—$

④ $1\frac{3}{4}=—$　　⑤ $2\frac{1}{5}=—$　　⑥ $2\frac{3}{5}=—$

おうちの方へ

仮分数↔帯分数のやり方を数直線を見ながら理解させましょう。

14

分数の計算②

月　日

点/10点

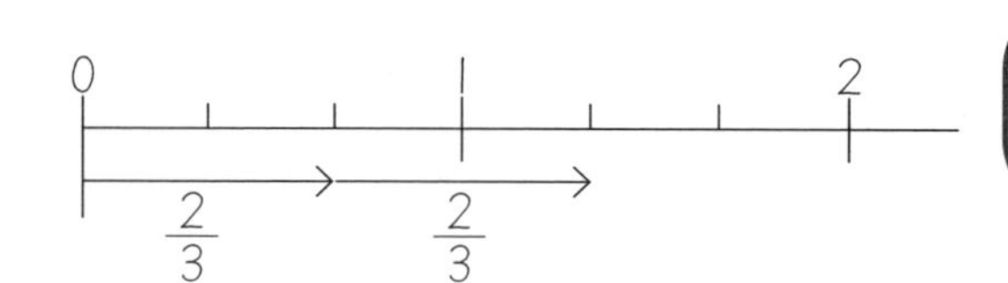

答えは帯分数にしてね。

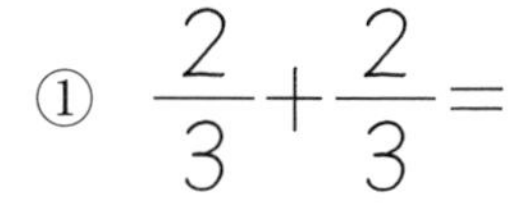

① $\frac{2}{3}+\frac{2}{3}=$

② $\frac{2}{5}+\frac{4}{5}=$

③ $\frac{4}{5}+\frac{4}{5}=$

④ $\frac{2}{7}+\frac{6}{7}=$

⑤ $\frac{4}{7}+\frac{6}{7}=$

⑥ $\frac{5}{7}+\frac{4}{7}=$

⑦ $\frac{5}{7}+\frac{6}{7}=$

⑧ $\frac{4}{9}+\frac{7}{9}=$

⑨ $\frac{7}{9}+\frac{7}{9}=$

⑩ $\frac{3}{11}+\frac{9}{11}=$

分数の計算③

月　日

点/10点

答えは、整数か帯分数にしてね。

① $\frac{2}{3}+1\frac{1}{3}=$

=

② $\frac{2}{3}+1\frac{2}{3}=$

③ $\frac{2}{5}+1\frac{1}{5}=$

④ $\frac{2}{5}+1\frac{3}{5}=$

⑤ $\frac{2}{7}+1\frac{1}{7}=$

⑥ $1\frac{1}{4}+\frac{3}{4}=$

⑦ $1\frac{1}{5}+\frac{3}{5}=$

⑧ $1\frac{1}{6}+\frac{5}{6}=$

⑨ $1\frac{2}{7}+\frac{6}{7}=$

⑩ $1\frac{1}{8}+\frac{7}{8}=$

16

分数の計算④

月　日

点/10点

答えは、帯分数か整数にしてね。

① $1\frac{1}{3}+2\frac{1}{3}=$

② $1\frac{2}{3}+1\frac{1}{3}=$

③ $1\frac{1}{4}+2\frac{3}{4}=$

④ $2\frac{1}{5}+1\frac{3}{5}=$

⑤ $1\frac{3}{5}+3\frac{4}{5}=$

⑥ $1\frac{1}{7}+1\frac{5}{7}=$

⑦ $1\frac{3}{7}+3\frac{4}{7}=$

⑧ $2\frac{1}{8}+1\frac{7}{8}=$

⑨ $1\frac{5}{9}+1\frac{8}{9}=$

⑩ $1\frac{3}{10}+2\frac{7}{10}=$

分数の計算⑤

月　　日

点/10点

$1=\frac{2}{2}$、$1=\frac{3}{3}$、$1=\frac{4}{4}$、$1=\frac{5}{5}$、$1=\frac{6}{6}$、……だね。

① $1-\frac{1}{2}=\frac{2}{2}-\frac{1}{2}$

$=$

② $1-\frac{1}{3}=$

③ $1-\frac{2}{3}=$

④ $1-\frac{3}{4}=$

⑤ $1-\frac{2}{5}=$

⑥ $1-\frac{3}{5}=$

⑦ $1-\frac{5}{6}=$

⑧ $1-\frac{3}{7}=$

⑨ $1-\frac{5}{8}=$

⑩ $1-\frac{7}{9}=$

おうちの方へ　ここからひき算です。１をひく数の分母と同じ分数にしてから計算させます。

18 分数の計算⑥

月　　日

点/10点

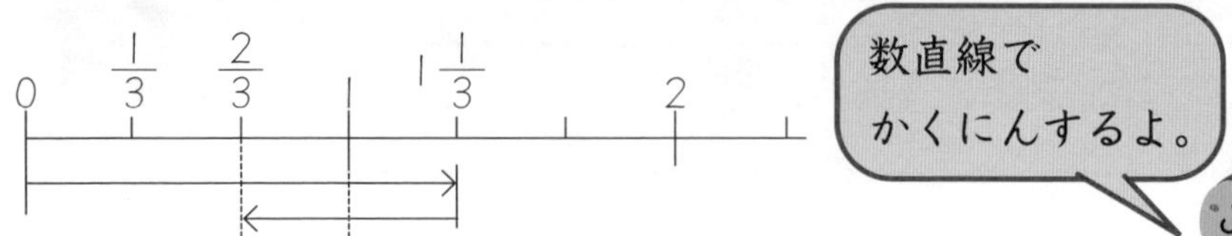

① $1\frac{1}{3}-\frac{2}{3}=\frac{4}{3}-\frac{2}{3}$

$=$

② $1\frac{1}{5}-\frac{3}{5}=$

③ $1\frac{2}{5}-\frac{4}{5}=$

④ $1\frac{2}{7}-\frac{6}{7}=$

⑤ $1\frac{3}{7}-\frac{5}{7}=$

⑥ $1\frac{4}{7}-\frac{6}{7}=$

⑦ $1\frac{5}{7}-\frac{6}{7}=$

⑧ $1\frac{1}{9}-\frac{2}{9}=$

⑨ $1\frac{4}{9}-\frac{8}{9}=$

⑩ $1\frac{2}{11}-\frac{5}{11}=$

19 分数の計算⑦

月　　日

点/10点

いろいろなひき算がまざっているよ。

① $1\frac{3}{5}-1\frac{1}{5}=$

② $2\frac{3}{7}\quad 1\frac{2}{7}=$

③ $2\frac{3}{8}-1\frac{3}{8}=$

④ $3\frac{5}{9}-1\frac{4}{9}=$

⑤ $2\frac{8}{9}-1\frac{4}{9}=$

⑥ $2\frac{3}{7}-1\frac{5}{7}=$

⑦ $2\frac{5}{7}-1\frac{6}{7}-$

⑧ $3\frac{1}{7}-1\frac{5}{7}=$

⑨ $4\frac{4}{9}-2\frac{8}{9}=$

⑩ $2\frac{7}{9}-1\frac{8}{9}=$

分数の計算⑧

月　日

点/10点

たし算とひき算がまざっているよ。

① $1\frac{1}{3}+1\frac{1}{3}=$

② $1\frac{1}{3}-\frac{2}{3}=$

③ $1\frac{2}{7}+1\frac{4}{7}=$

④ $1\frac{3}{5}-\frac{2}{5}=$

⑤ $1\frac{2}{9}+1\frac{8}{9}=$

⑥ $2\frac{5}{6}-1\frac{5}{6}=$

⑦ $2\frac{9}{11}+1\frac{10}{11}=$

⑧ $2\frac{4}{7}-\frac{5}{7}=$

⑨ $1\frac{8}{9}+2\frac{8}{9}=$

⑩ $2\frac{1}{9}-\frac{8}{9}=$

21

分数の計算⑨

月　日

点/10点

＋と－の記号に注意してね。

① $2\frac{2}{7}-1\frac{6}{7}=$

② $3\frac{5}{9}-1\frac{7}{9}=$

③ $2\frac{1}{3}+1\frac{2}{3}=$

④ $1\frac{3}{4}+2\frac{1}{4}=$

⑤ $2\frac{3}{11}-1\frac{5}{11}=$

⑥ $3\frac{4}{11}-1\frac{9}{11}=$

⑦ $1\frac{3}{5}+1\frac{4}{5}=$

⑧ $4\frac{1}{11}-1\frac{8}{11}=$

⑨ $1\frac{5}{7}+1\frac{4}{7}=$

⑩ $2\frac{8}{11}-1\frac{9}{11}=$

分数の計算⑩

月　日

点/10点

分数のたし算・ひき算になれましたか。

① $2\frac{1}{5}-1\frac{2}{5}=$

② $1\frac{5}{7}+1\frac{3}{7}=$

③ $3\frac{2}{7}-\frac{6}{7}=$

④ $3\frac{4}{9}-1\frac{5}{9}=$

⑤ $1\frac{7}{9}+1\frac{7}{9}=$

⑥ $3\frac{1}{11}-2\frac{5}{11}=$

⑦ $1\frac{3}{10}+2\frac{7}{10}=$

⑧ $4\frac{5}{11}-2\frac{10}{11}=$

⑨ $2\frac{6}{11}+1\frac{9}{11}=$

⑩ $1\frac{8}{13}+1\frac{10}{13}=$

分数の計算⑪

月　日

点/4点

次の図を見て、大きさが等しい分数をかきましょう。

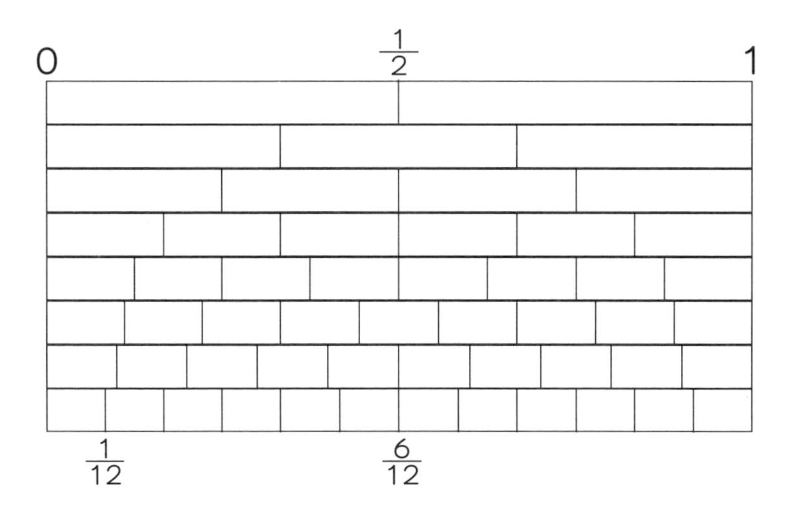

① $\frac{1}{2}=\frac{\quad}{\quad}=\frac{\quad}{\quad}=\frac{\quad}{\quad}=\frac{\quad}{\quad}=\frac{\quad}{\quad}$

② $\frac{1}{3}=\frac{\quad}{\quad}=\frac{\quad}{\quad}=\frac{\quad}{\quad}$

③ $\frac{1}{4}=\frac{\quad}{\quad}=\frac{\quad}{\quad}$

④ $\frac{1}{6}=\frac{\quad}{\quad}$

おうちの方へ

大きさの等しい分数は、５年生で学習する異分母分数の和差への準備です。

24 小数のたし算・ひき算①

月　日

点/9点

小数第１位　小数第２位

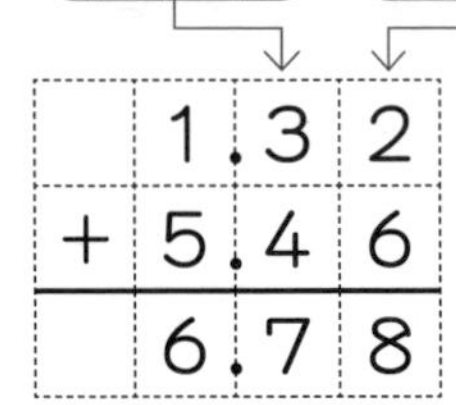

	1	.3	2
＋	5	.4	6
	6	.7	8

1．位をそろえてかきます。
2．小数第２位から計算します。
3．小数第１位、一の位と順に計算します。
※小数点をつけわすれないように。

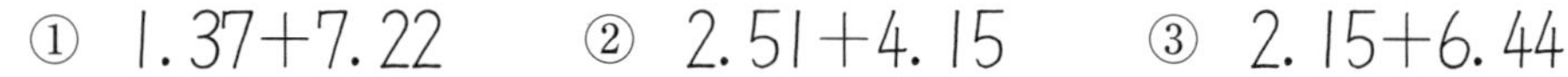

① 1.37＋7.22

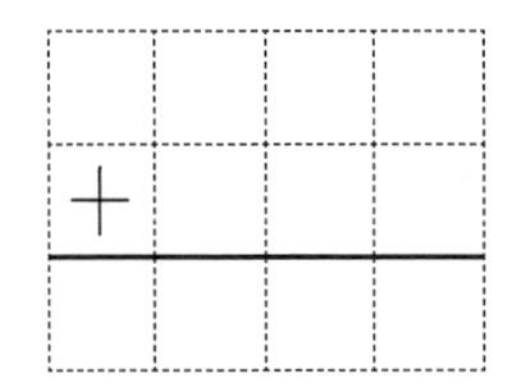

② 2.51＋4.15

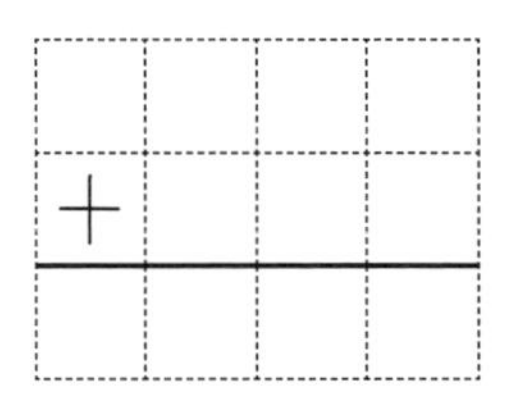

③ 2.15＋6.44

④ 3.22＋2.55

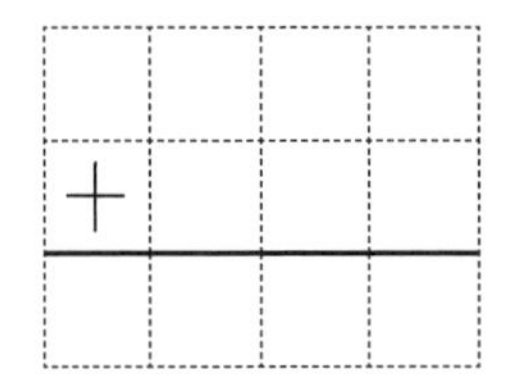

⑤ 4.73＋2.23

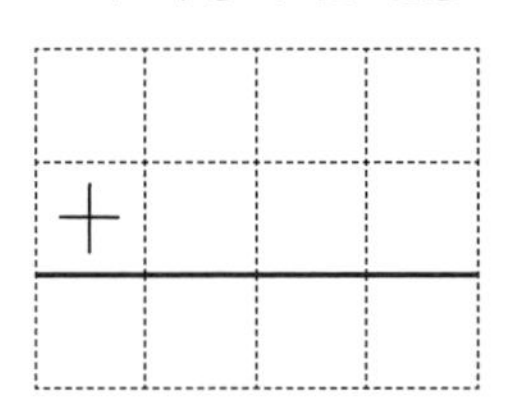

⑥ 4.88＋3.11

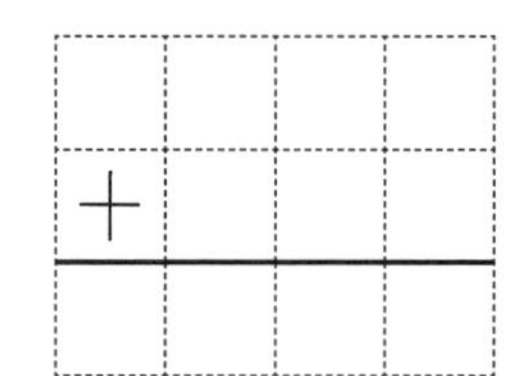

⑦ 5.45＋3.37

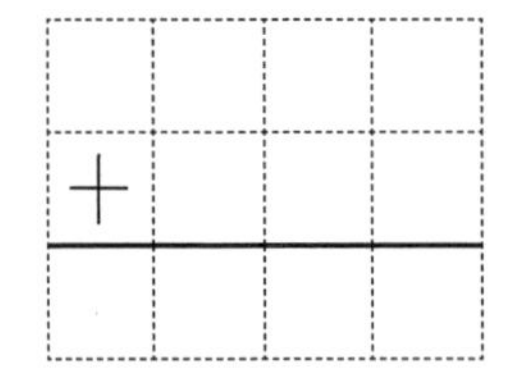

⑧ 6.17＋2.75

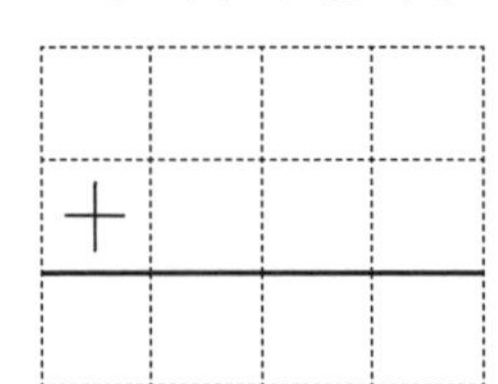

⑨ 6.46＋2.62

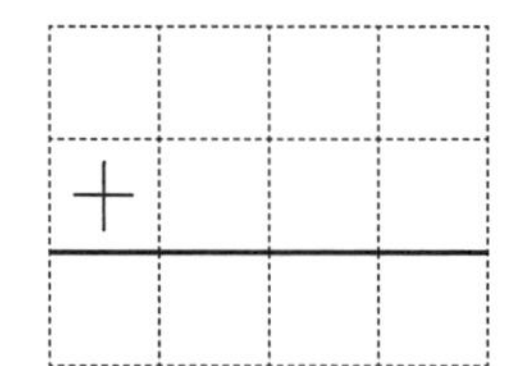

おうちの方へ　小数のたし算・ひき算の筆算は、位をそろえて書くことが大事です。

25 小数のたし算・ひき算②

月　　日

点/9点

	2.	3	6
＋	3.	3	4
	5.	7	0

1．位をそろえてかきます。
2．答えに小数点より右の位の0があるとき、右はしの0はななめ線で消します。

① 1.62＋5.28

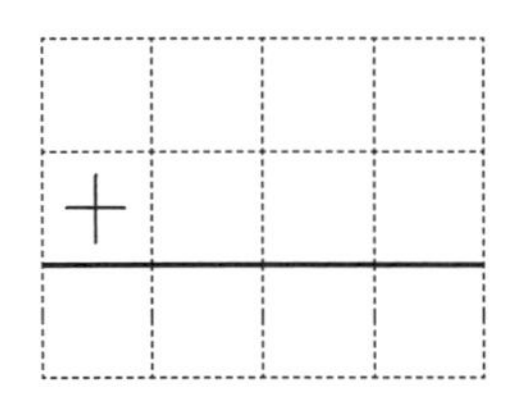

② 2.53＋4.37

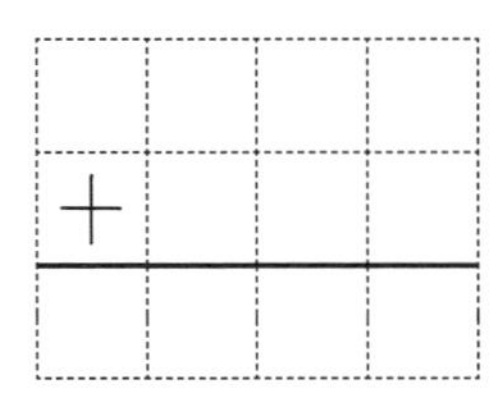

③ 2.48＋3.22

④ 3.25＋5.25

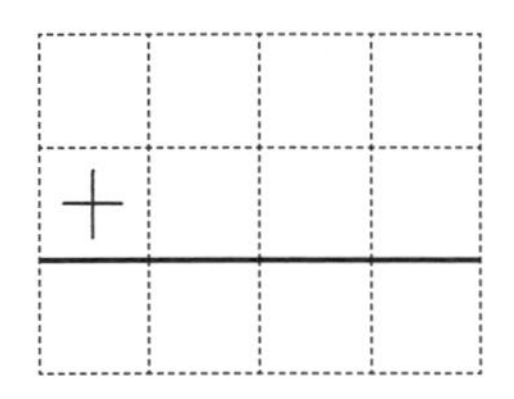

⑤ 3.39＋2.41

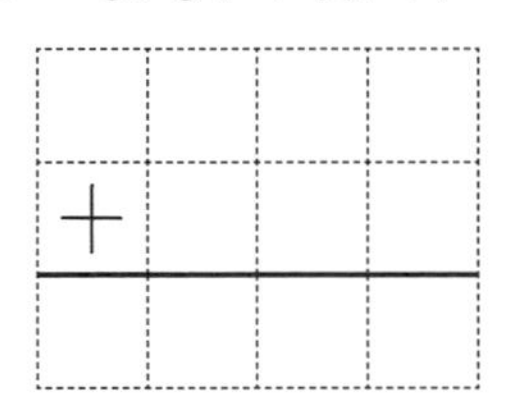

⑥ 4.34＋2.56

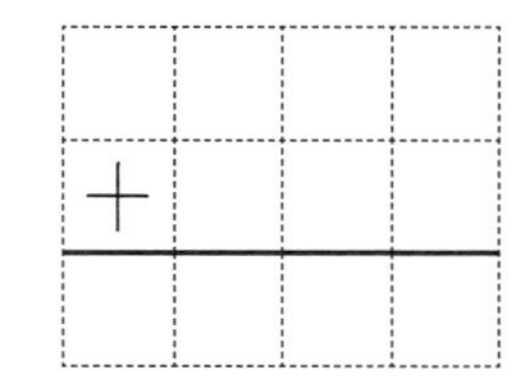

⑦ 4.26＋1.64

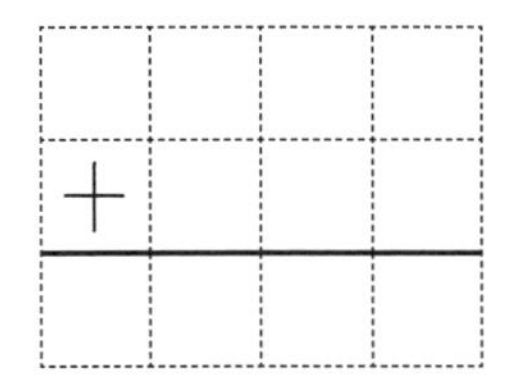

⑧ 5.47＋2.43

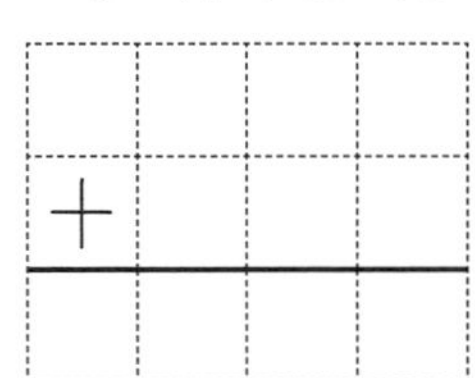

⑨ 6.59＋1.31

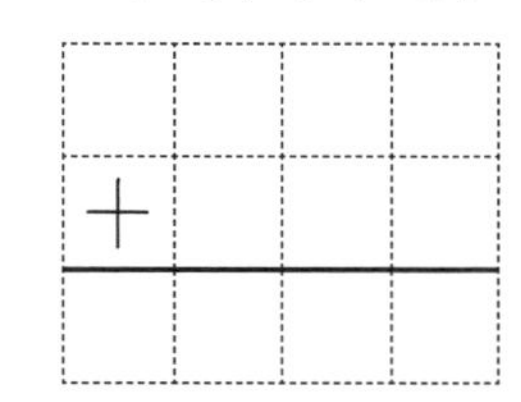

小数のたし算・ひき算③

月　日

点/9点

	4.	5	6
＋	5.	1	0
	9.	6	6

1. 位をそろえてかきます。小数点のところでそろえます。5.1は、5.10と考えるとうまくできます。
2. 小さい位から順に計算します。

① 1.47＋3.1

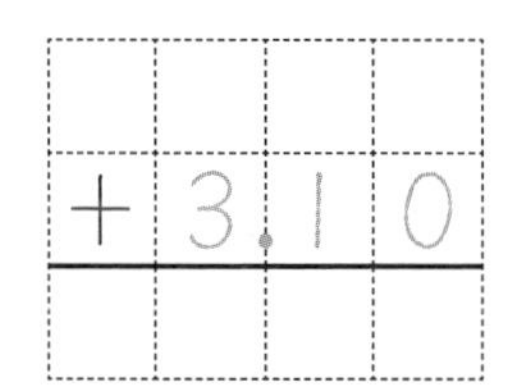

② 1.99＋6.8

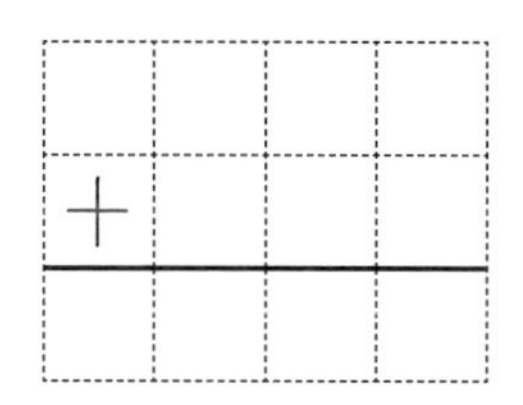

③ 2.64＋6.5

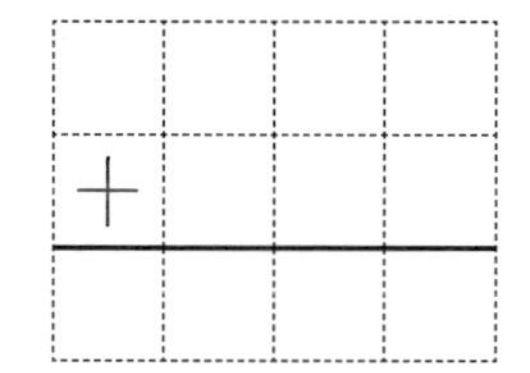

④ 3.2＋4.75

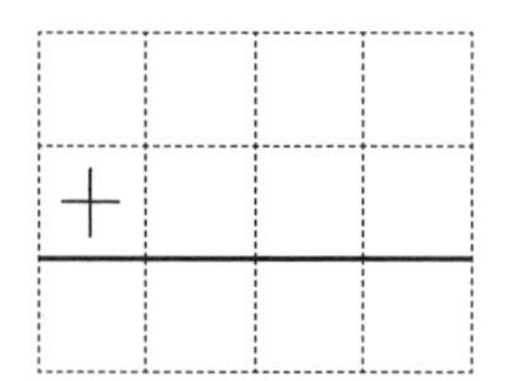

⑤ 4.7＋2.32

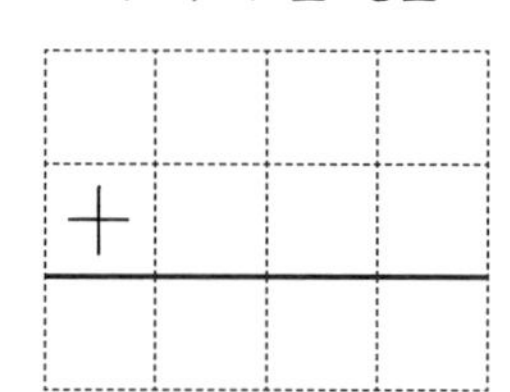

⑥ 1.1＋4.58

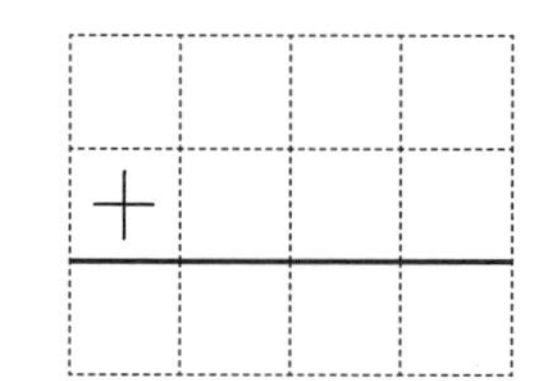

⑦ 2＋5.36

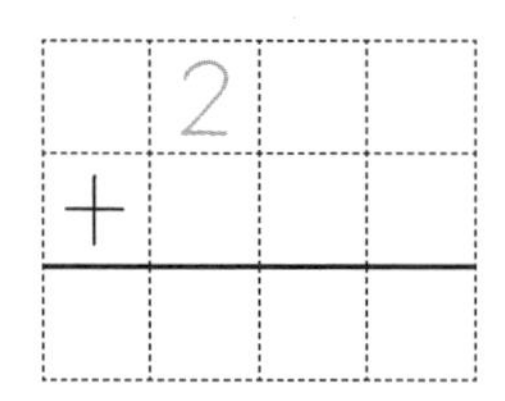

⑧ 3＋3.88

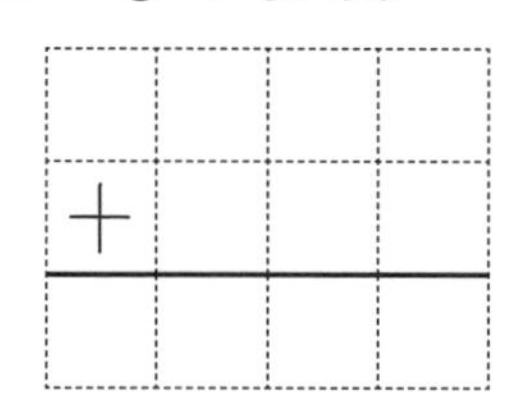

⑨ 5.23＋4

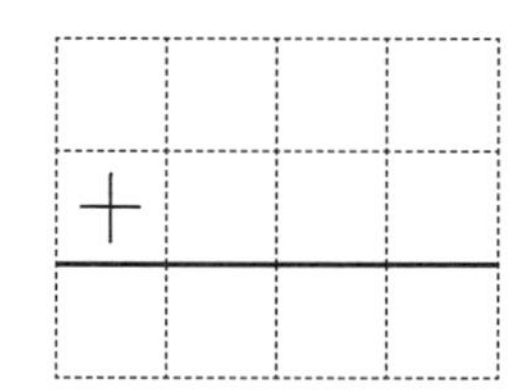

27 小数のたし算・ひき算④

月　　日

点/6点

	2.	3	3	5
+	2.	7	2	5
	5.	0	6	0（斜線で消す）

↑消さない　↑消す

1．位をそろえてかきます。
2．小さい位（右）から、順に計算します。
3．右はしの0は、ななめ線で消します。また右はしに小数点があれば消します。

① 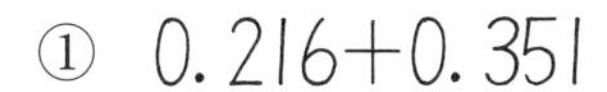
0.216＋0.351

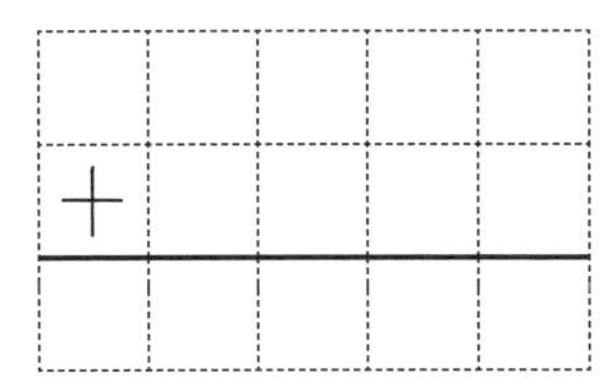

② 0.321＋0.768

③ 0.102＋0.698

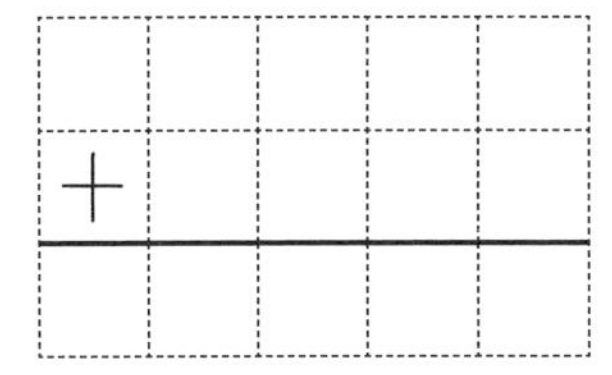

右はしの0は？

④ 0.256＋0.744

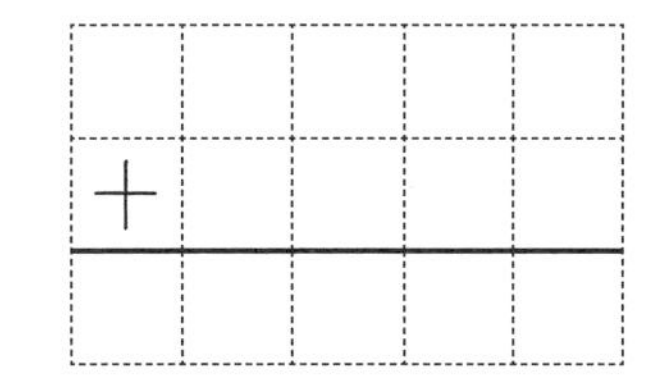

⑤ 1.875＋2.125

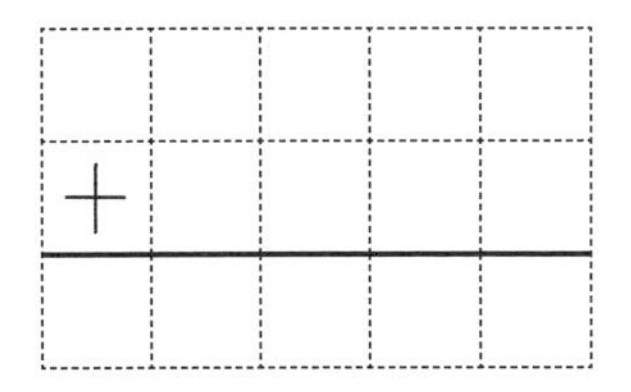

⑥ 1.289＋1.801

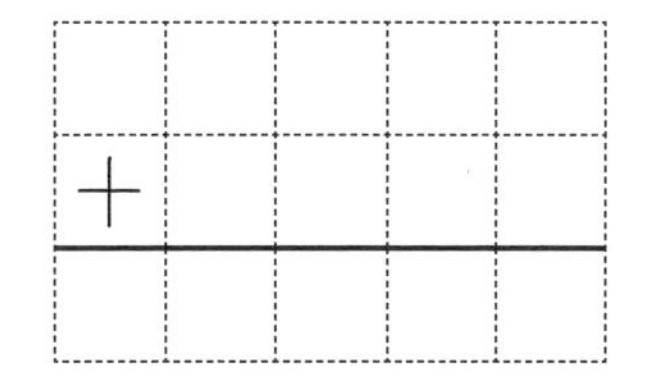

28 小数のたし算・ひき算⑤

月　　日

点/6点

	1.	3	5	7
＋	2.	6	4	3
	4.	0	0	0

1．位をそろえてかきます。
2．右の位から順に計算します。
3．右はしの0をななめの線で消します。また右はしに小数点があれば消します。

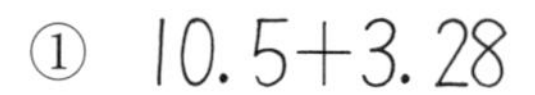

① 10.5＋3.28

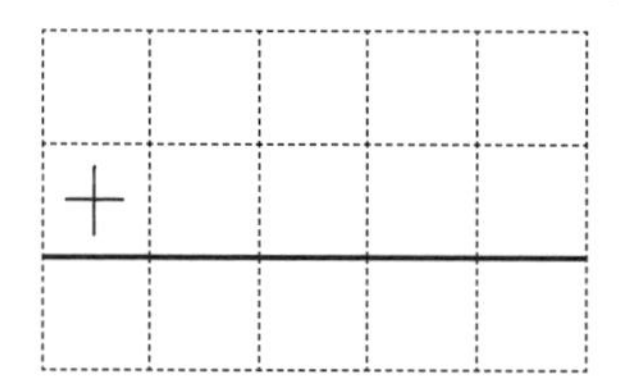

② 4.59＋12.7

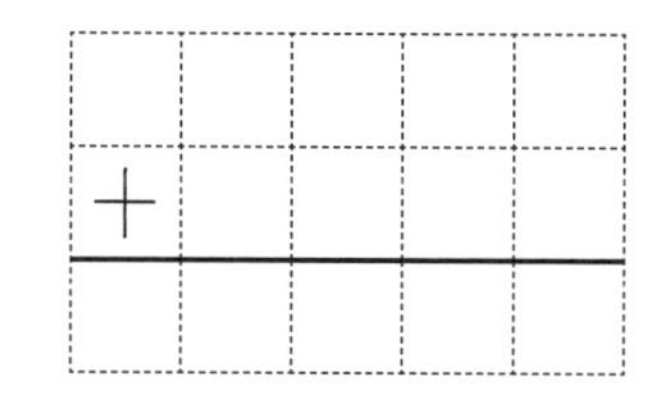

③ 0.7＋1.562

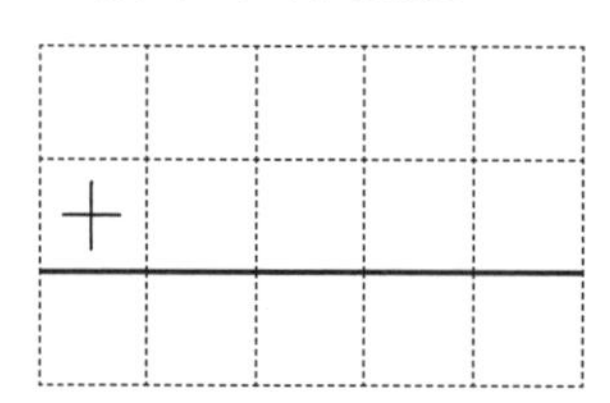

④ 25.3＋0.73

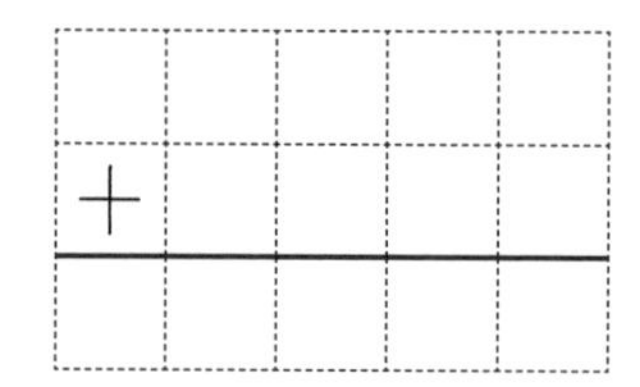

⑤ 0.993＋4.007

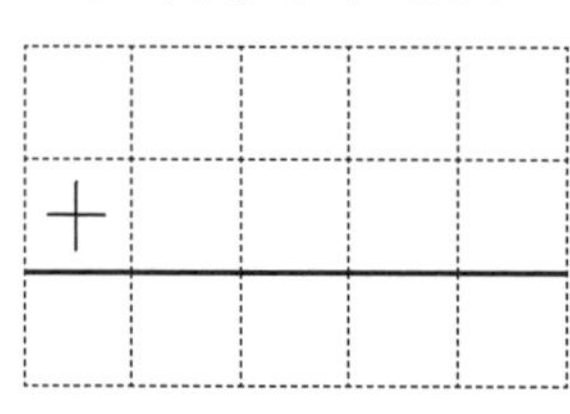

右はしの0は？

⑥ 62＋0.82

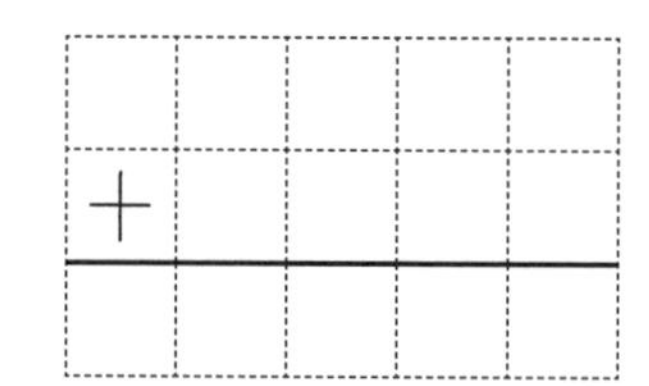

小数のたし算・ひき算⑥

月　　日

点/9点

	5.7	9
−	1.3	5
	4.4	4

1．位をそろえてかきます。
2．小さい位（右）から計算します。
3．左の位へと順に計算します。
※小数点をつけわすれないように。

① 9.46−7.24

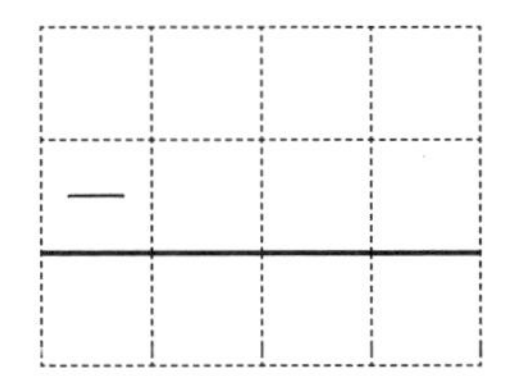

② 8.36−2.25

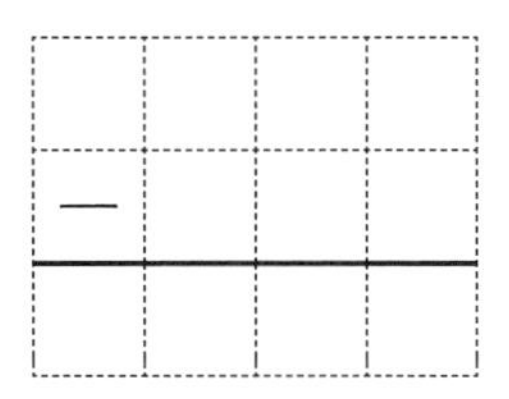

③ 9.67−3.21

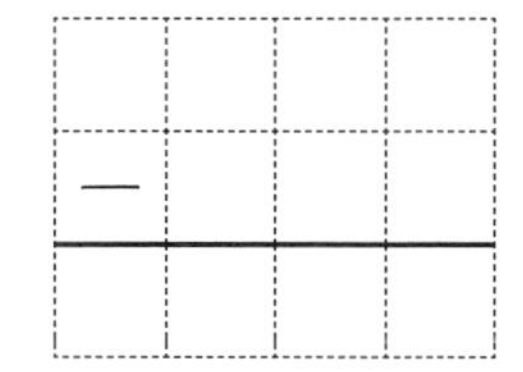

④ 8.43−5.01

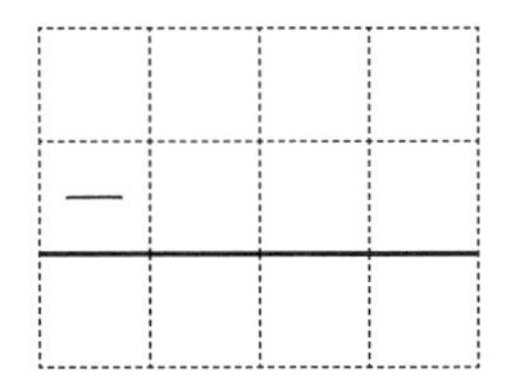

⑤ 2.58−1.04

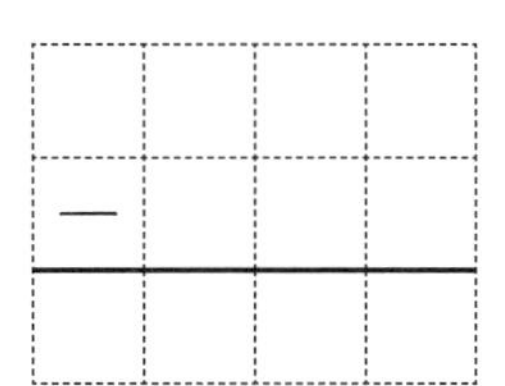

⑥ 7.64−4.32

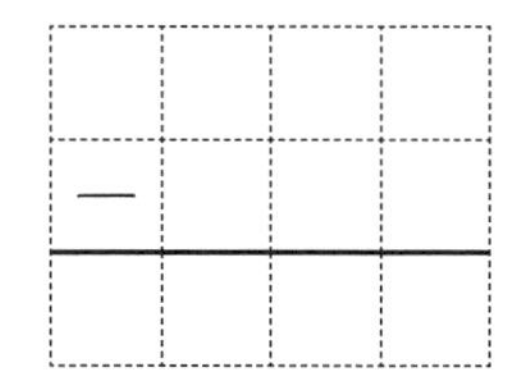

⑦ 7.45−5.17

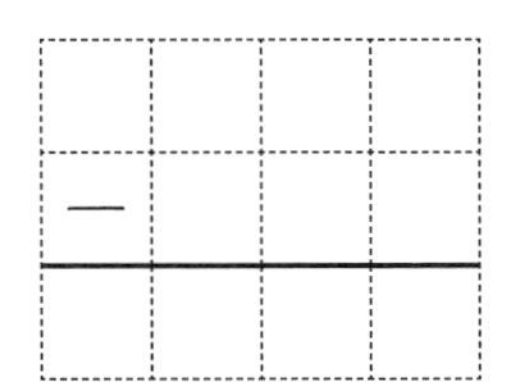

⑧ 9.02−2.64

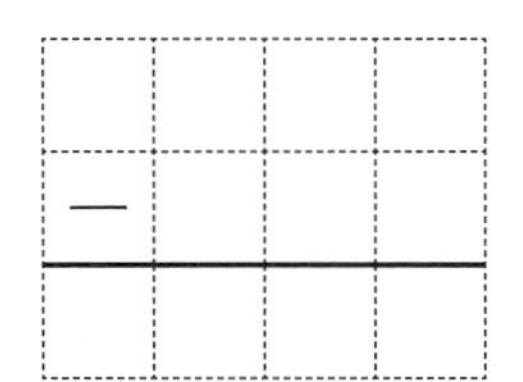

⑨ 8.34−6.57

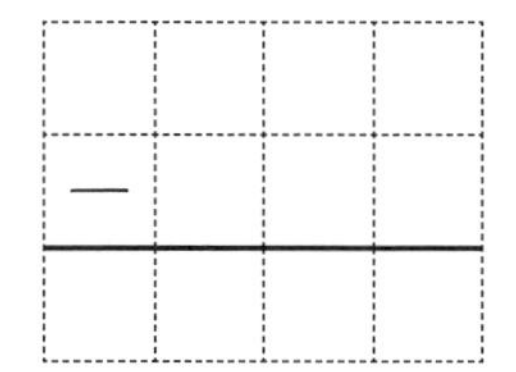

おうちの方へ　ひき算は、必ず上の段の数から下の段の数をひきます。

小数のたし算・ひき算⑦

月　日

点/9点

	4.	5	7
−	3.	5	7
	1.	0	0

1．位をそろえてかきます。
2．答えに小数点より右の位の0があるとき、右はしの0はななめ線で消します。
※整数になるときは、小数点もななめ線で消します。

① 5.39−4.79　② 8.26−7.66　③ 6.43−5.83

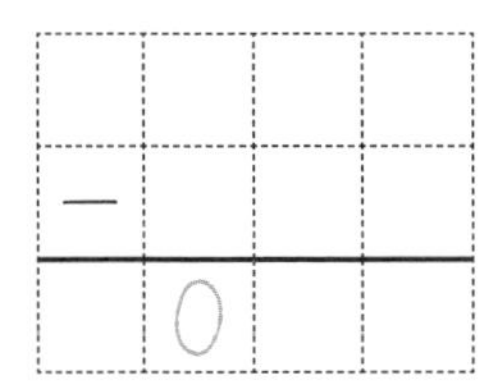

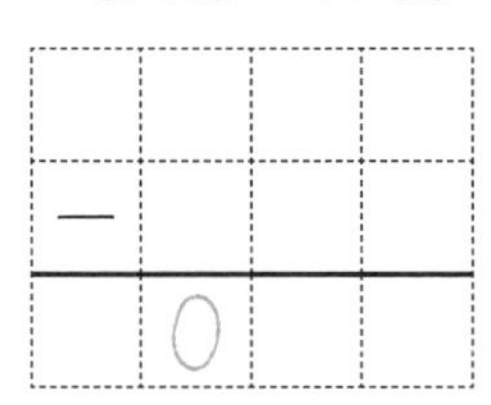

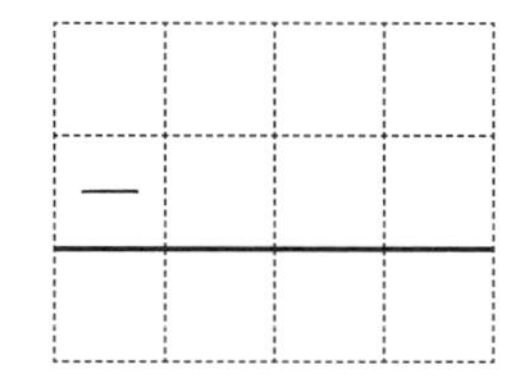

④ 8.22−3.62

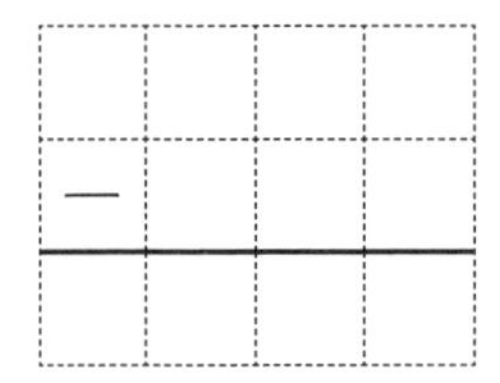

⑤ 7.14−2.74

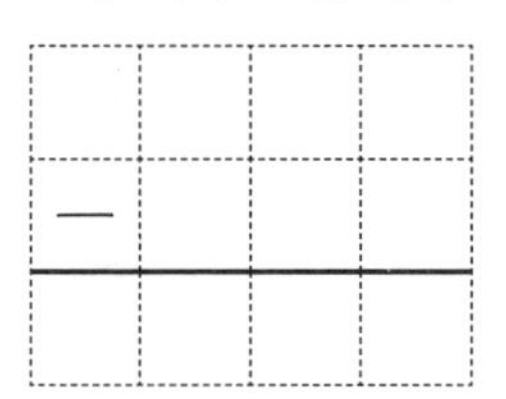

⑥ 6.61−4.71

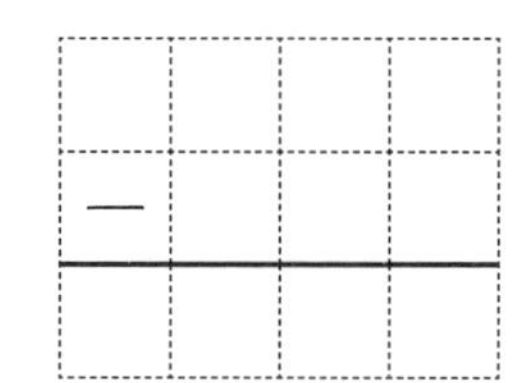

⑦ 4.68−3.68

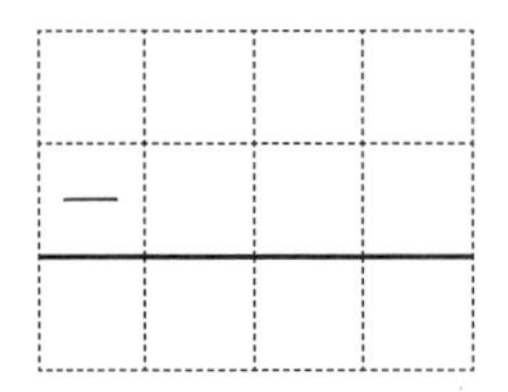

⑧ 9.45−6.45

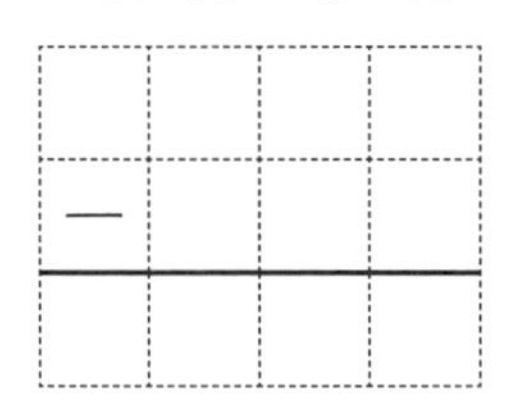

⑨ 9.27−8.27

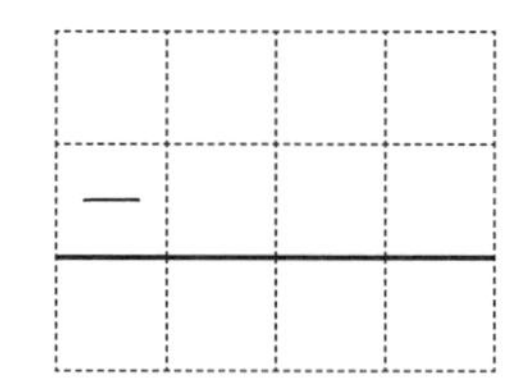

31 小数のたし算・ひき算⑧

月　　日

点/9点

	3.	8（7）	0（1）
−	1.	6	8
	2.	1	2

1．位をそろえてかきます。
　　小数点のところでそろえます。
　　3.8は3.80と考えるとうまくできます。
2．小さい位から順に計算します。

① 4.7−1.37

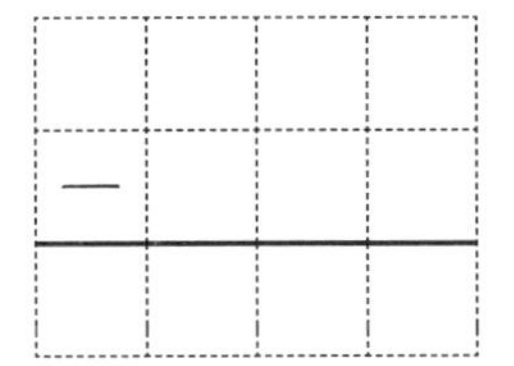

② 3.6−2.35

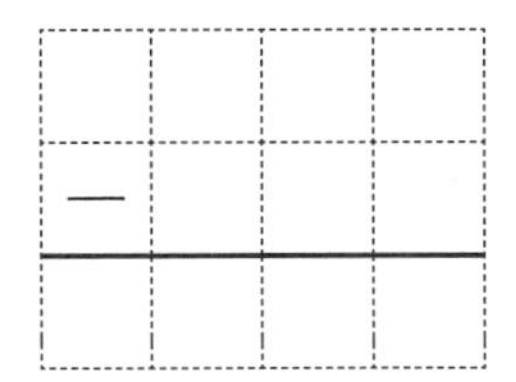

③ 1.93−0.4

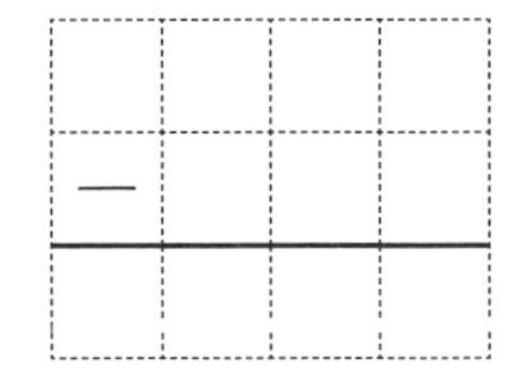

④ 1.3−0.64

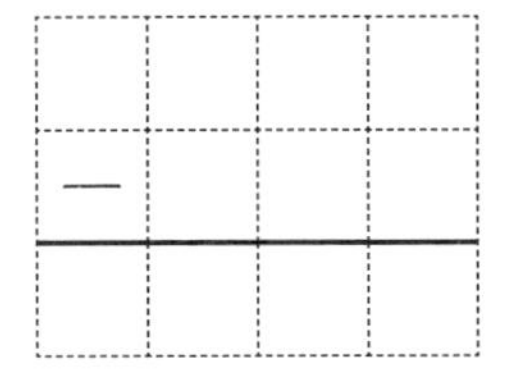

⑤ 2.7−0.68

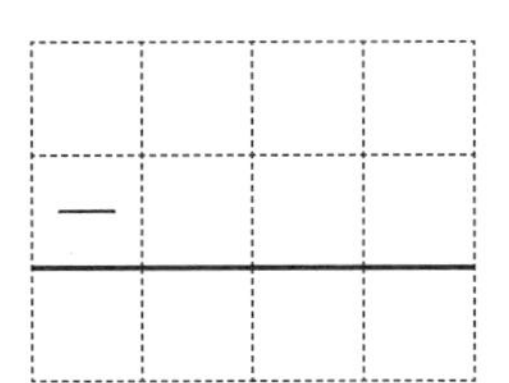

⑥ 1.79−0.8

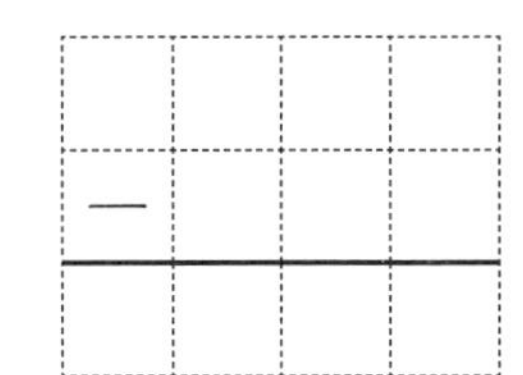

⑦ 9−3.41

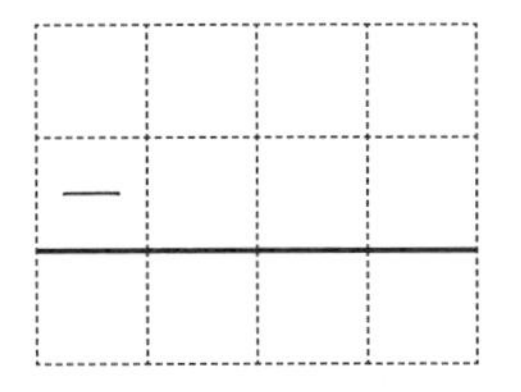

⑧ 7−4.32

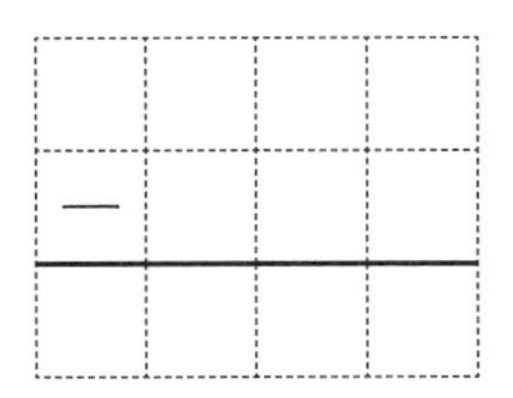

⑨ 5.96−2

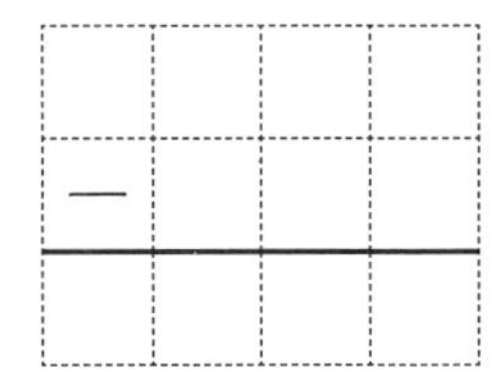

小数のたし算・ひき算⑨

月　　日

点/6点

	3.(2)	0(9)	0(9)	0(1)
−	1.	5	2	8
	1.	4	7	2

1．位をそろえてかきます。
2．3は3.000と考えるとうまく計算できます。
3．右の位から順に計算します。

①
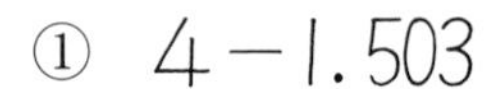

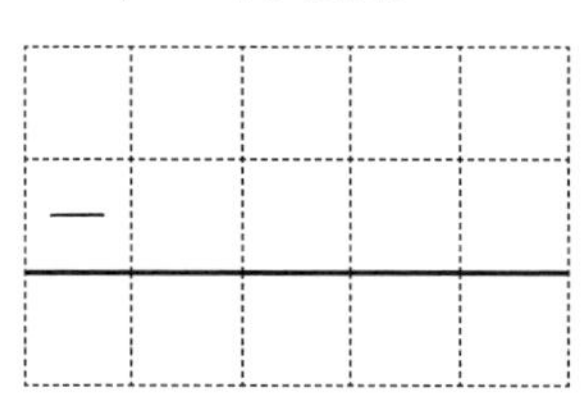

② 2−0.099

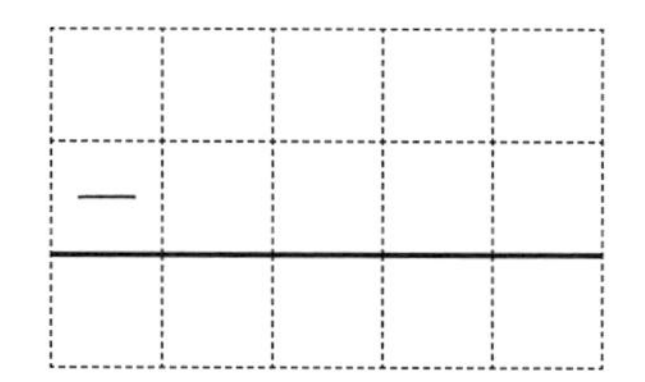

③ 3.6−0.541

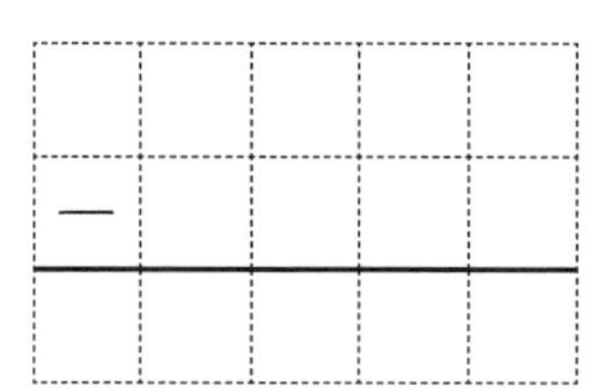

④ 6.2−4.157

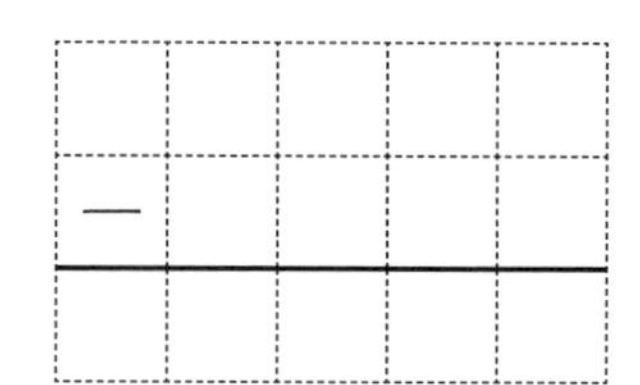

⑤ 13−0.32

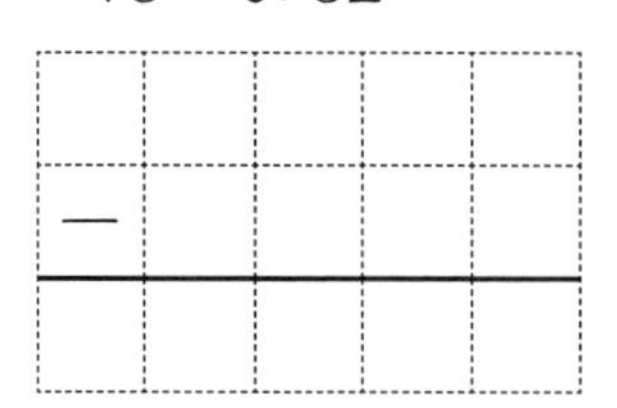

⑥ 25−5.78

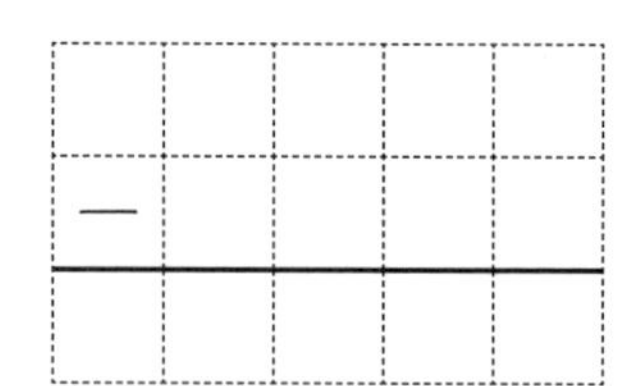

33 小数のたし算・ひき算⑩

月　　日

点/6点

	1.	0	0	0
−	0.	0	0	2
	0.	9	9	8

1．位をそろえてかきます。
2．１は1.000と考えます。
3．一の位の答えが0のときは、0と小数点をかきます。

① 

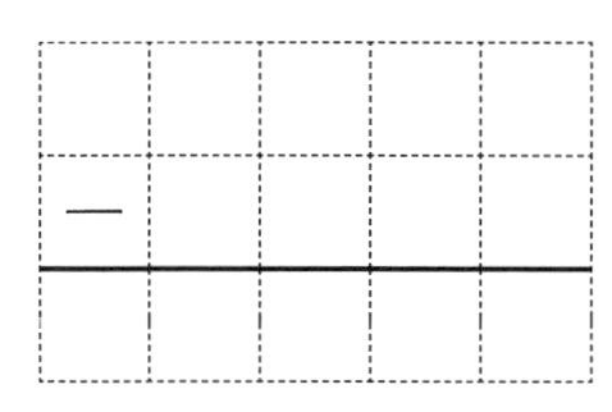

② 2−1.018

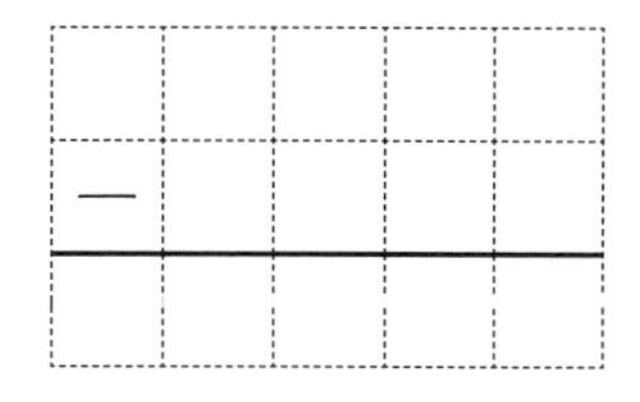

「0.」とかきます。

③ 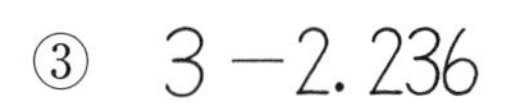

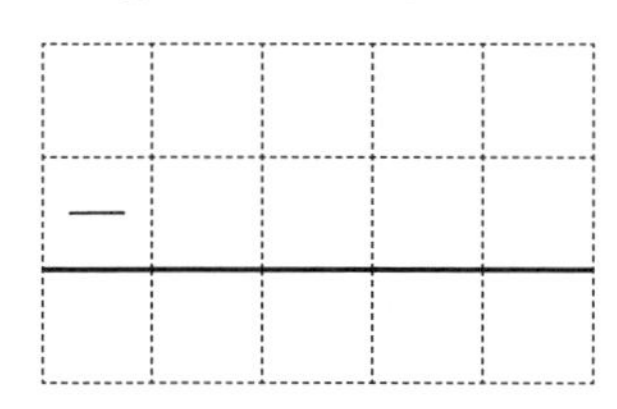

④ 42−1.55

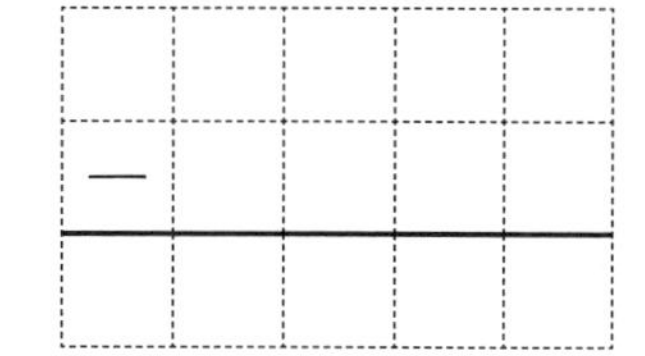

⑤ 37−6.91

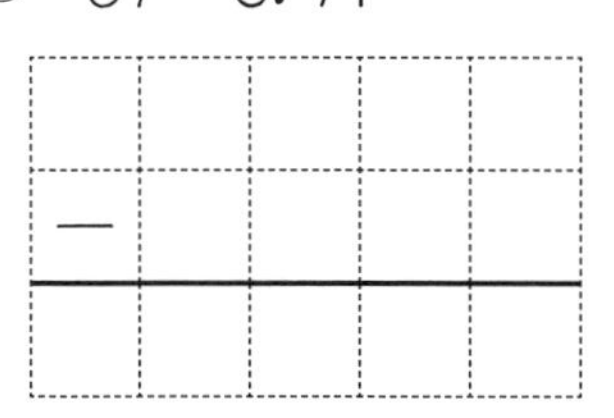

⑥ 15−4.77

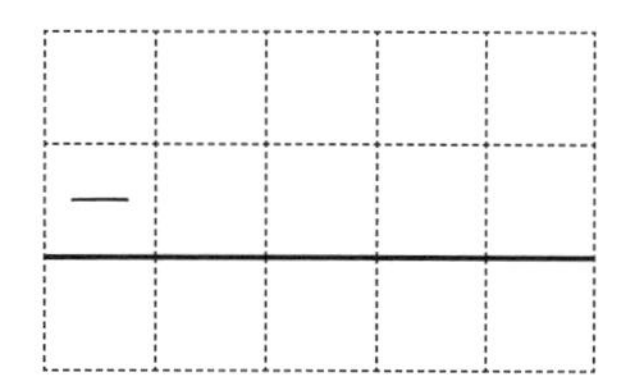

わり算Ⅱ①

月　日

点/6点

		✕	✕	7
3	4	)2	3	8
		2	3	8
				0

1．２÷34はできません。
2．23÷34はできません。
3．238÷34はできます。
23÷３を考えて、商に７をたてます。
34×７をします。

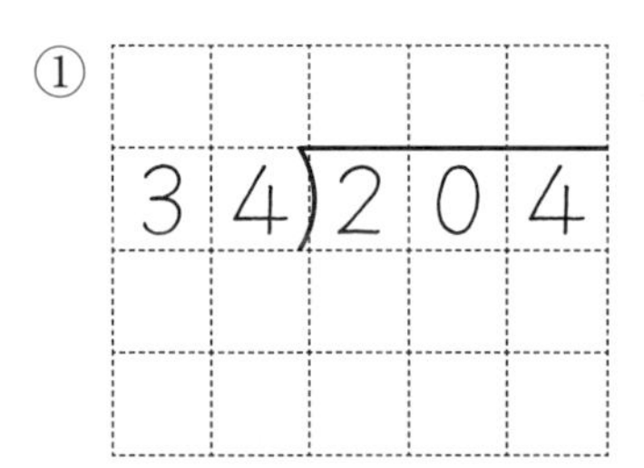

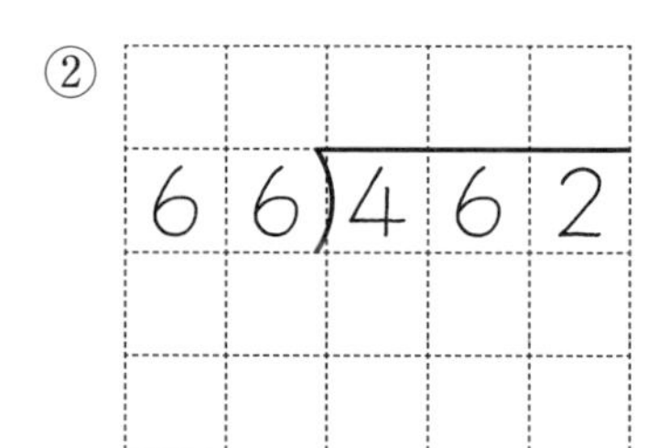

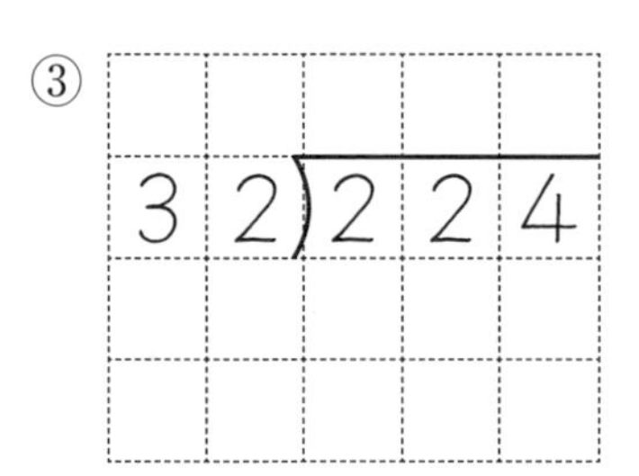

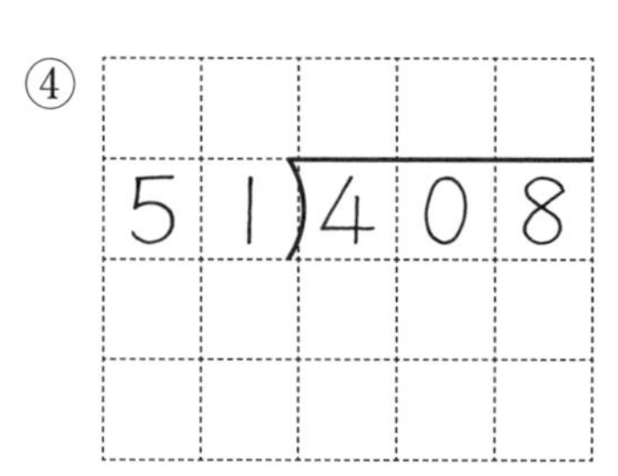

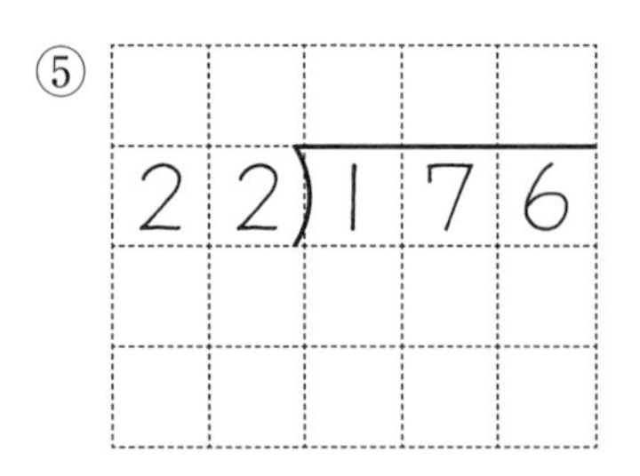

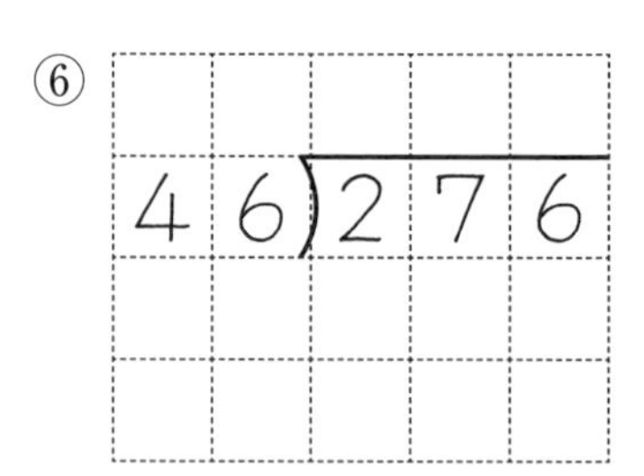

おうちの方へ

わる２けたのときは、商がたつ位置を確かめたら、わる数の大きいけたの数の九九を使って仮の商を見つけます。

35 わり算Ⅱ②

月　　日

点/7点

①

		✕	✕	
8	6)	6	8	8

②

7	4)	5	9	2

③

5	7)	2	8	5

④

4	2)	2	1	0

⑤

6	5)	3	9	0

⑥

4	5)	2	7	0

⑦

7	2)	4	3	2

商のたつところは、
どこかな。

わり算Ⅱ③

月　日

点/7点

① 62)496

② 56)448

③ 97)873

④
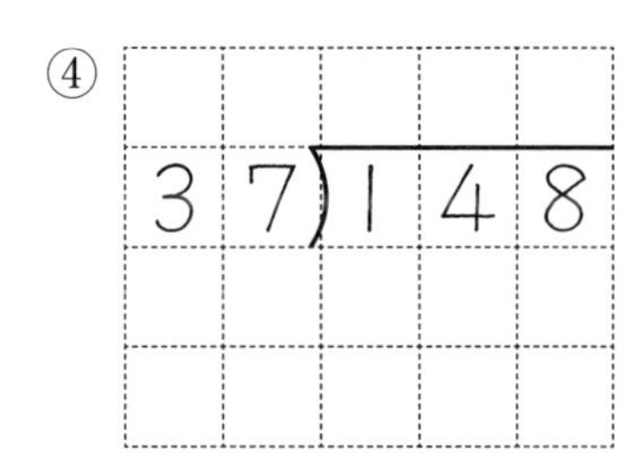

⑤ 64)512

⑥ 73)657

⑦
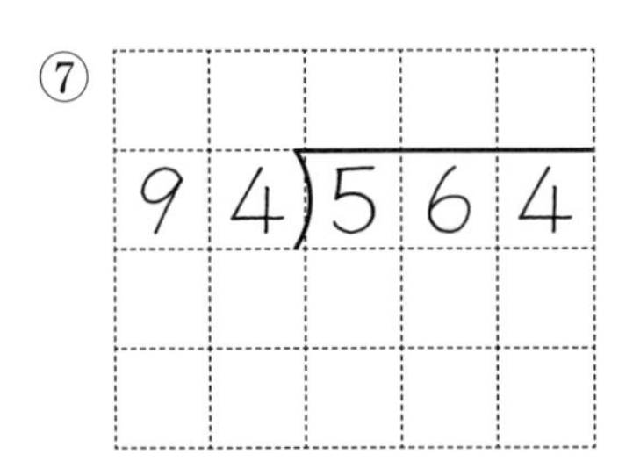

⑦なら9のだんの
九九をいうよ。

わり算Ⅱ④

月　　日

点/4点

			1	4
3	5)	4	9	0
		3	5	↓
		1	4	0
		1	4	0
				0

1．４÷35はできません。

2．49÷35はできます。

４÷３を考え、十の位に商１をたてます。

35×１＝35　ひいておろします。

3．14÷３を考え、一の位に商４をたてます。

35×４＝140

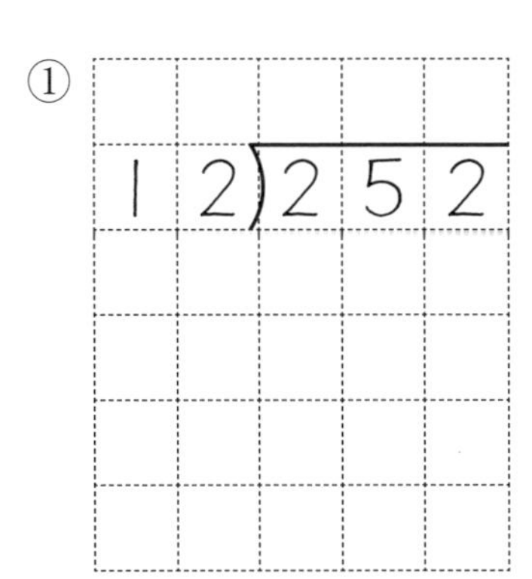

②
33)726

③
25)775

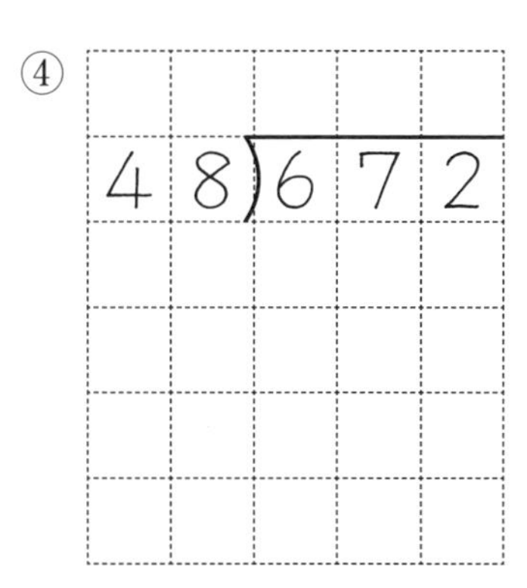

わり算Ⅱ⑤

月　　日

点/5点

① 21)273

② 32)448

③ 45)585

④
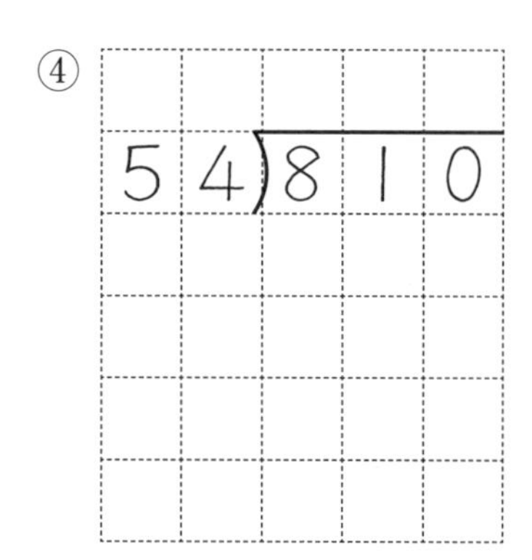

⑤ 25)550

わり算Ⅱ⑥

月　日

点/5点

① $53\overline{)954}$

② $66\overline{)858}$

③
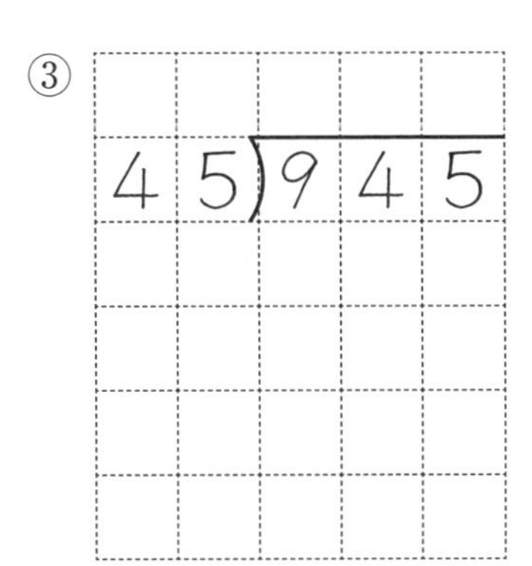

④
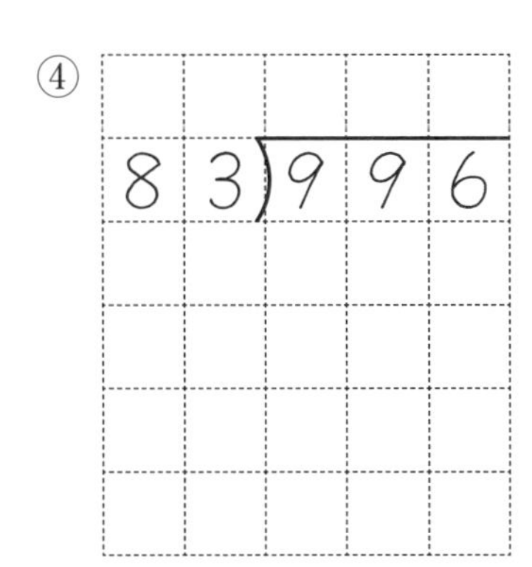

⑤
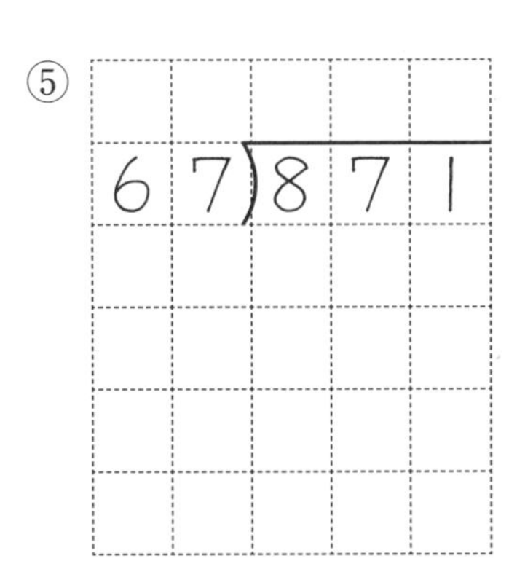

わり算Ⅱ⑦

月　日

点/4点

		×	×	2	6
7	4	)1	9	2	4
		1	4	8	↓
			4	4	4
			4	4	4
					0

1．１÷74はできません。
2．19÷74はできません。
3．192÷74はできます。
19÷７で十の位に２をたてます。
74×２＝148　ひいておろします。
4．44÷７を考え、６をたてて計算します。

①

47)1457

②

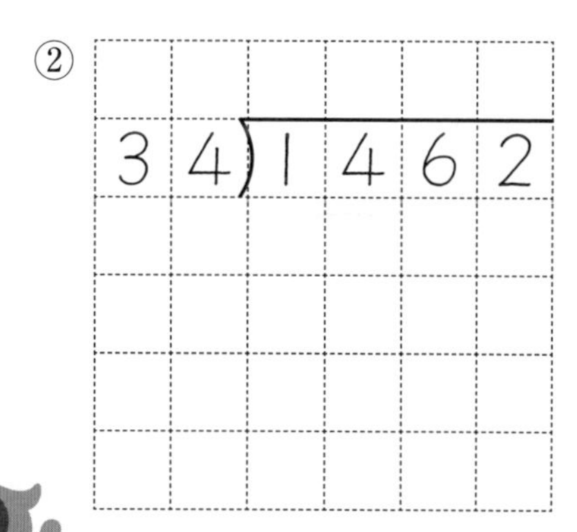

③

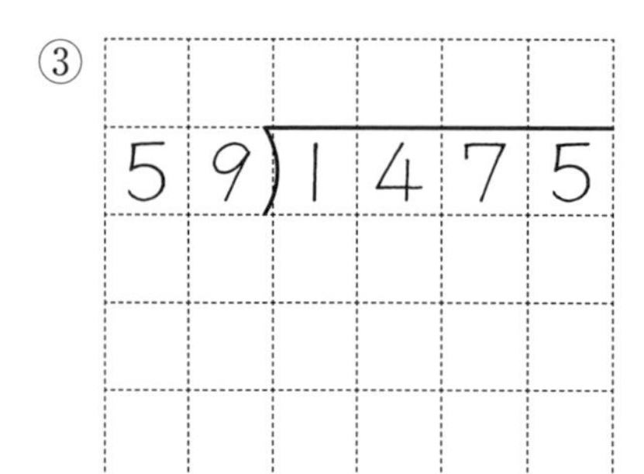

④

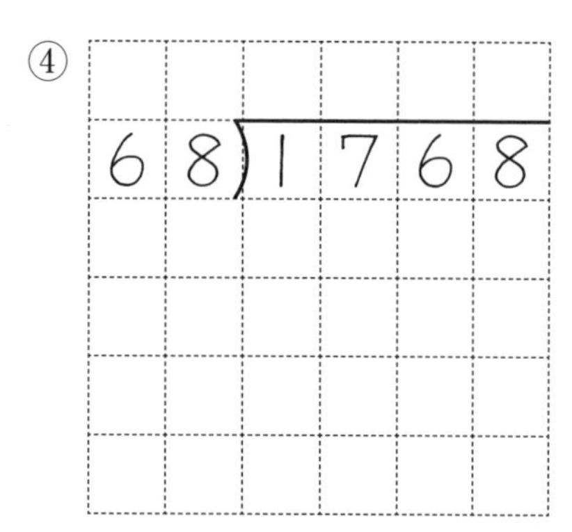

わり算Ⅱ⑧

月　日

点/5点

① 94)7896

② 61)1647

③ 35)1190

④ 88)3872

⑤

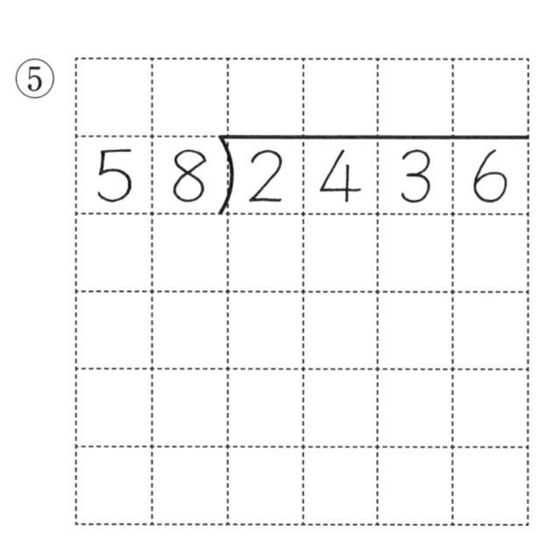

わり算Ⅱ⑨

月　日

点/5点

① 62)2294

② 55)1320

③ 87)5481

④ 96)4128

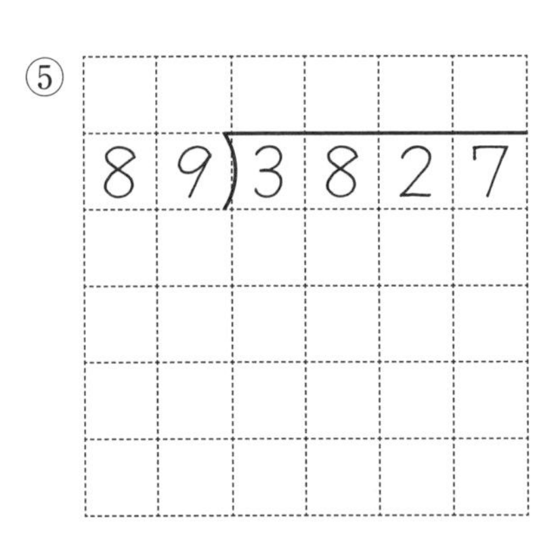

わり算Ⅱ⑩

月　　日

点/4点

			3 ~~4~~	
6 8	2	5	1	6
	2	7	2	

ひけないので
商を3にする

→

				3	7
6	8	2	5	1	6
		2	0	4	
			4	7	6
			4	7	6
					0

1．十の位に商がたちます。
2．25÷6と考え、4をたてます。
3．68×4＝272は、251より大きく、ひけないので商を3にします。
4．68×3＝204　OKです。
5．47÷6と考え、7をたてます。

① 58)2668

② 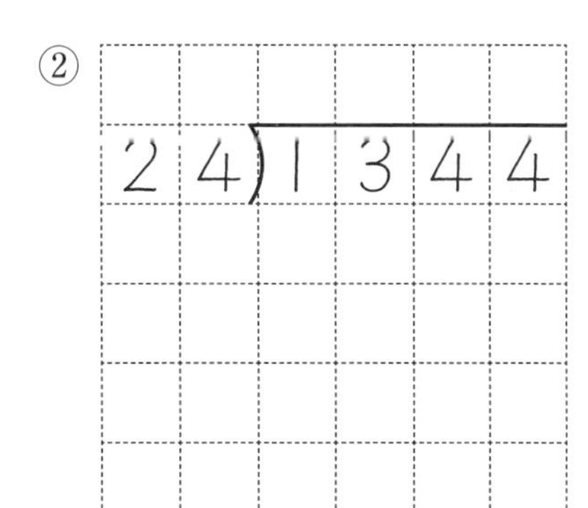

③ 75)4350

④ 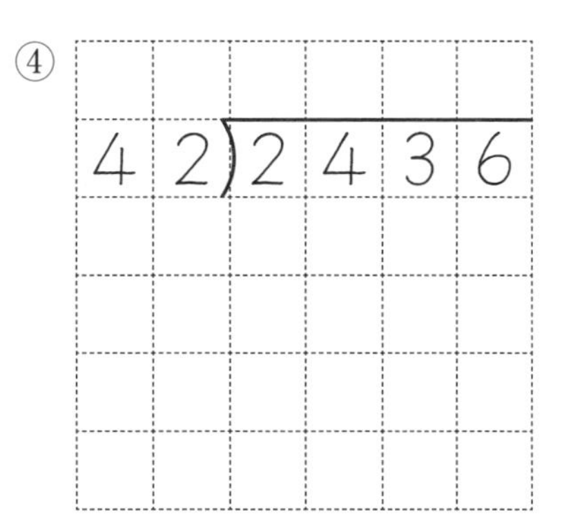

おうちの方へ
わり算が他の計算とちがうのは、一度たてた商をやり直すときがあることです。ここから先は練習が必要です。

わり算Ⅱ⑪

月　日

点/5点

① 95)3705

② 28)1176

③ 31)2728

④ 98)6566

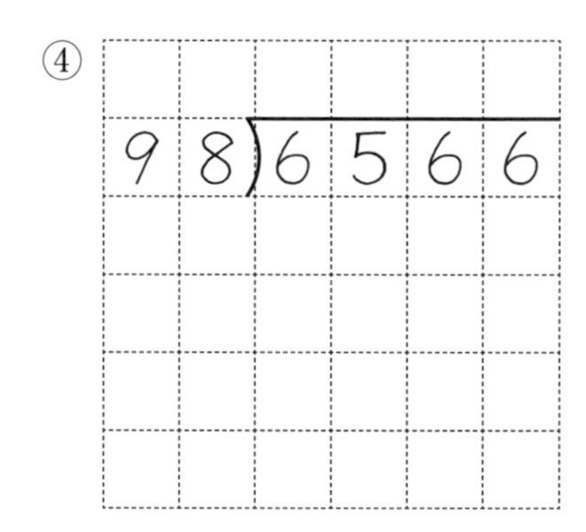

⑤ 74)6364

45 わり算Ⅱ⑫

月　　日

点/5点

①

$$67\overline{)3886}$$

②

$$45\overline{)3915}$$

③

$$82\overline{)6478}$$

④

$$32\overline{)1824}$$

⑤

$$23\overline{)1679}$$

商のたて直しがあるよ。

わり算Ⅱ⑬

月　日

点/5点

① 73)5037

② 65)3705

③ 48)2592

④

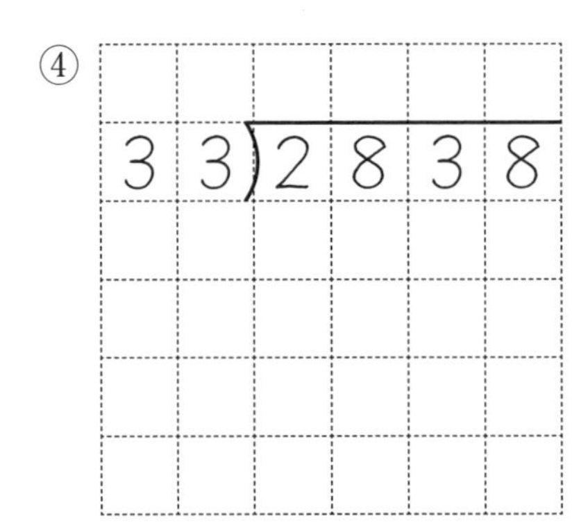

⑤

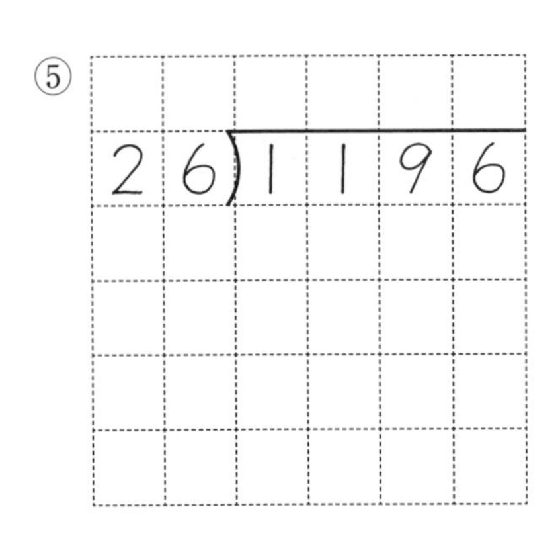

わり算Ⅱ⑭

月　日

点/5点

①

$$79\overline{)4661}$$

②

$$21\overline{)1827}$$

③

$$84\overline{)5628}$$

④

$$34\overline{)1836}$$

⑤

$$29\overline{)1189}$$

わり算Ⅱ⑮

月　日

点/5点

① 47)2115

② 25)1575

③ 71)6319

④

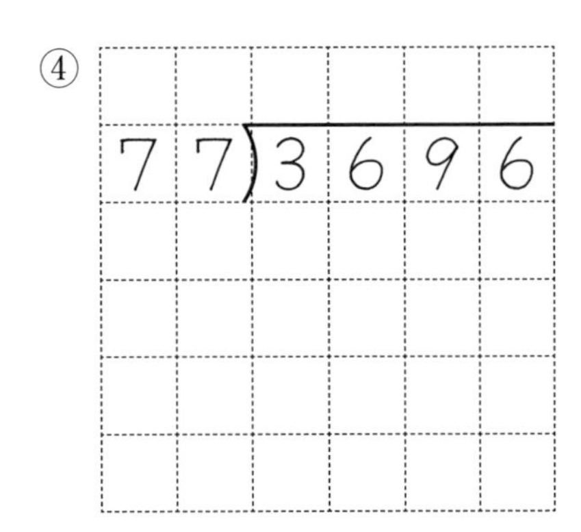

⑤

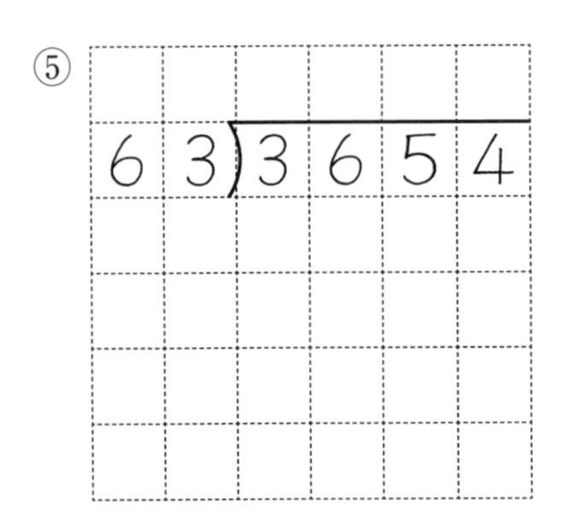

わり算Ⅱ⑯

月　日

点/4点

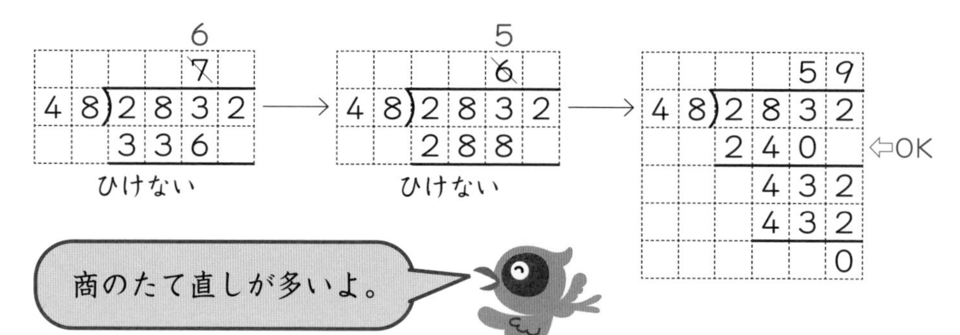

①　47)3619

②　26)1248

③　59)4543

④　58)4002

おうちの方へ　商をたて直すとき、１ずつ小さくします。一度に２小さくすると、まちがいが起こりやすくなります。

わり算Ⅱ⑰

月　日

点/5点

① $38\overline{)2584}$

② $39\overline{)2613}$

③ $49\overline{)3234}$

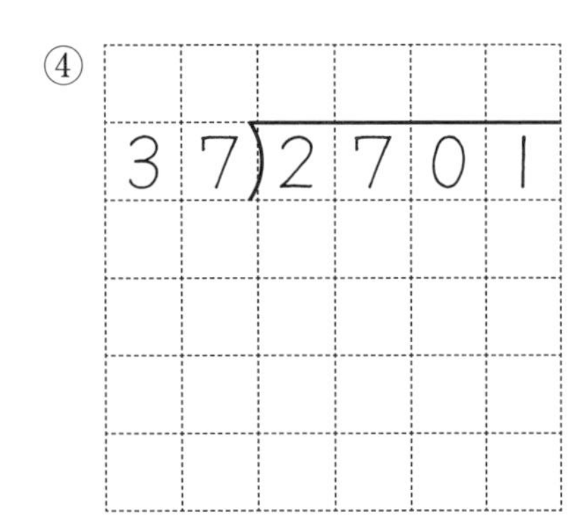

④ $37\overline{)2701}$

⑤ $28\overline{)1008}$

わり算Ⅱ⑱

月　日

点/5点

① $48\overline{)3744}$

② $36\overline{)2484}$

③ $29\overline{)1653}$

④
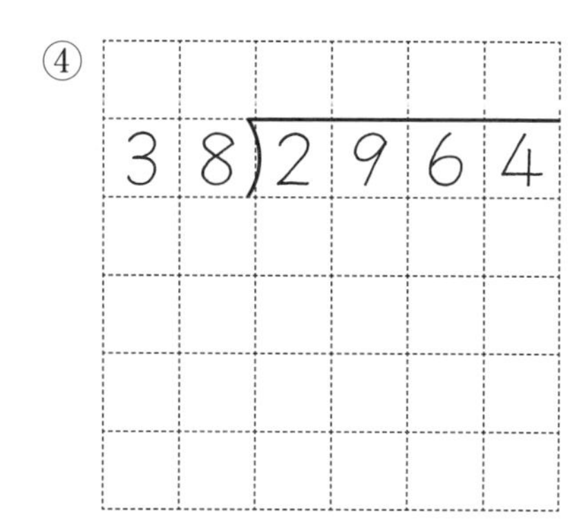
$38\overline{)2964}$

⑤
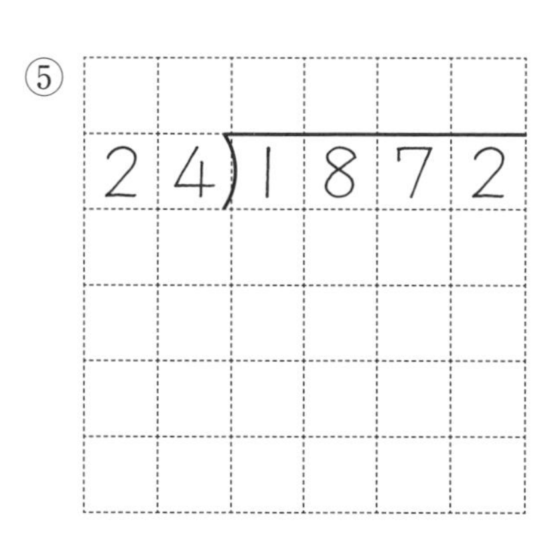
$24\overline{)1872}$

わり算Ⅱ⑲

月　　日

点/5点

①　47)3243

②　29)1044

③　25)1900

④
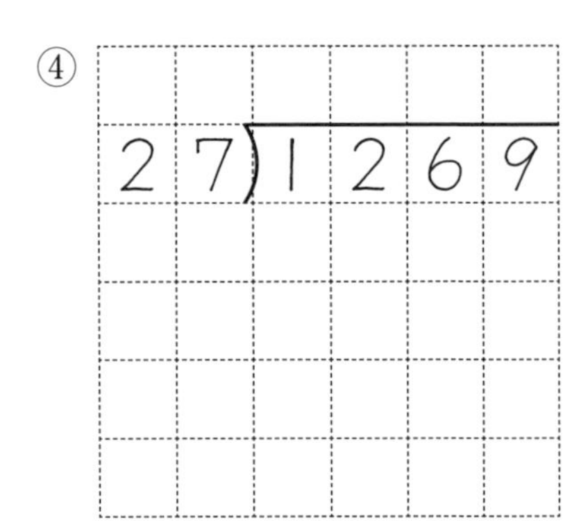

⑤　23)1817

わり算Ⅱ⑳

月　日

点/5点

①

$39 \overline{)2496}$

②

$58 \overline{)4582}$

③

$59 \overline{)4602}$

④

$24 \overline{)1848}$

⑤

$26 \overline{)1768}$

商のたて直しが
うまくできましたか。

わり算Ⅱ㉑

月　日

点/5点

① $49\overline{)3381}$

② $35\overline{)2730}$

③ $36\overline{)2772}$

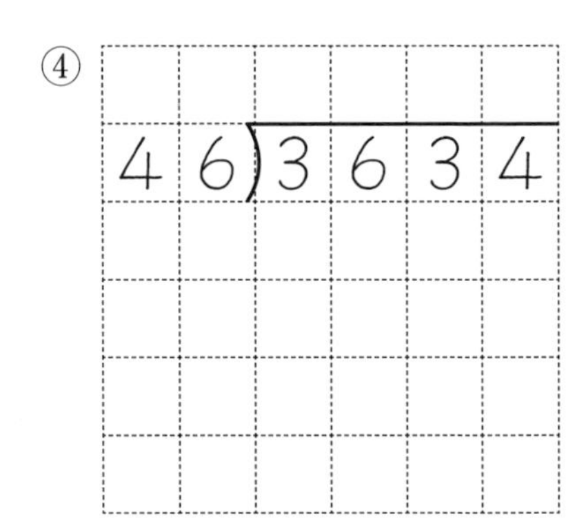

④ $46\overline{)3634}$

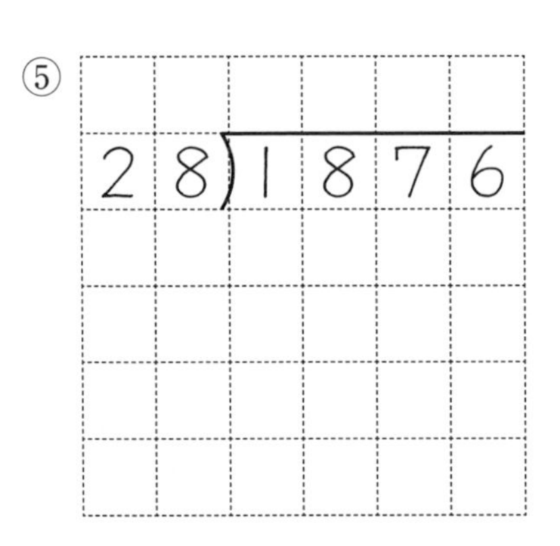

⑤ $28\overline{)1876}$

わり算Ⅱ㉒

月　日

点/5点

① 69)5451

② 59)4071

③ 49)3626

④
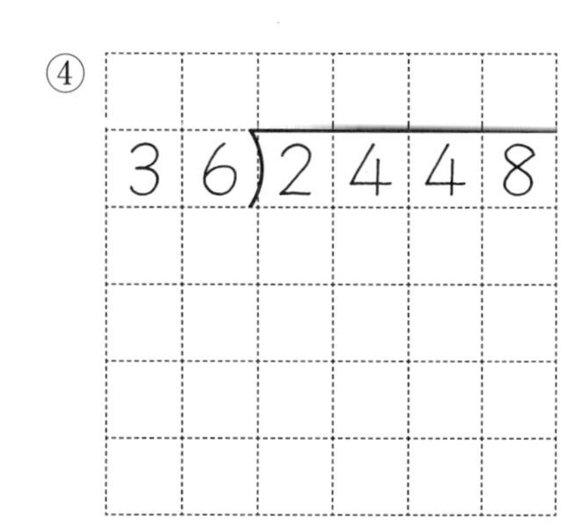

⑤
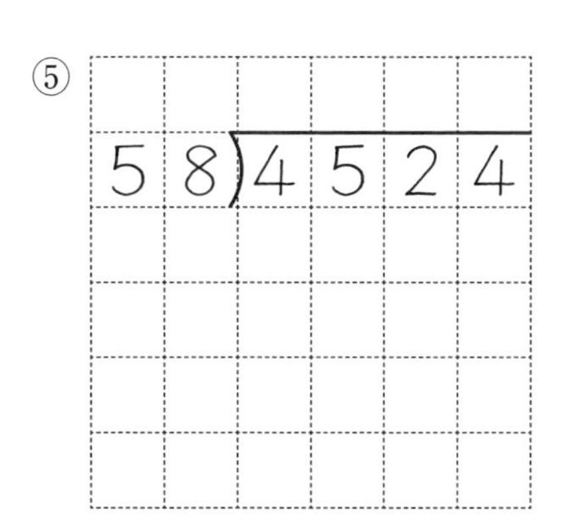

わり算Ⅱ㉓

月　　日

点/5点

① $25\overline{)1475}$

② $35\overline{)2415}$

③ $27\overline{)1404}$

④
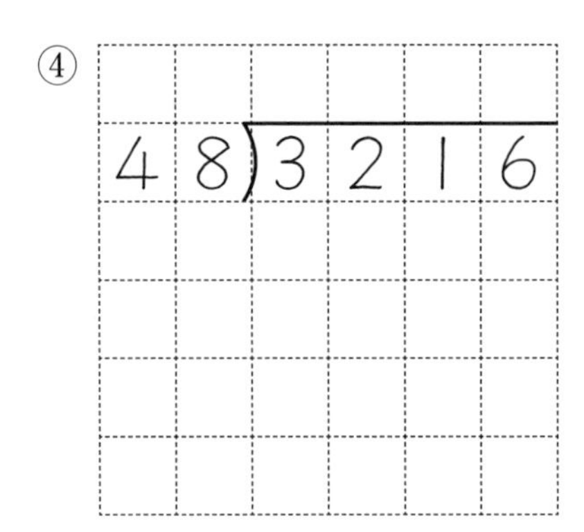

⑤
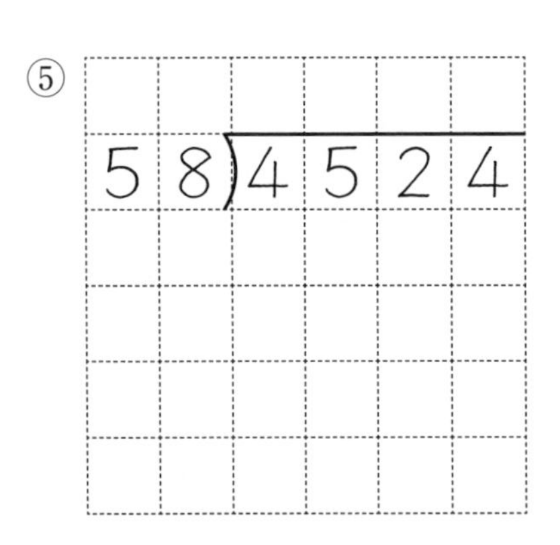

わり算Ⅱ㉔

月　日

点/5点

① $15\overline{)705}$

② $26\overline{)650}$

③ $25\overline{)700}$

④ $18\overline{)684}$

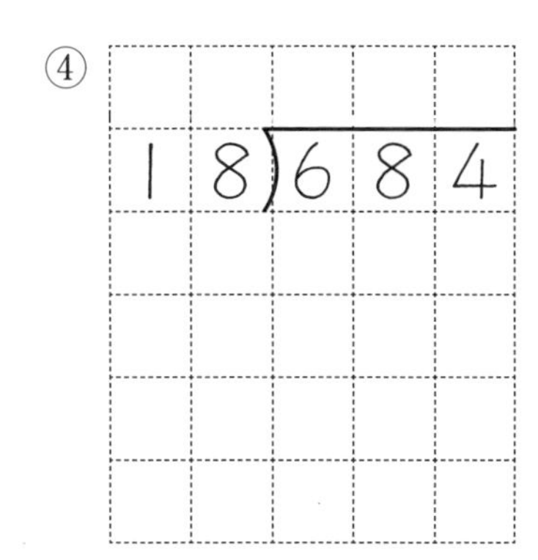

⑤ $37\overline{)666}$

わり算Ⅱ㉕

月　日

点/5点

① $17 \overline{)442}$

② $24 \overline{)864}$

③ $19 \overline{)703}$

④ $39 \overline{)702}$

⑤ $29 \overline{)812}$

うまく商が
たてられましたか。

あまりが出ます。

①
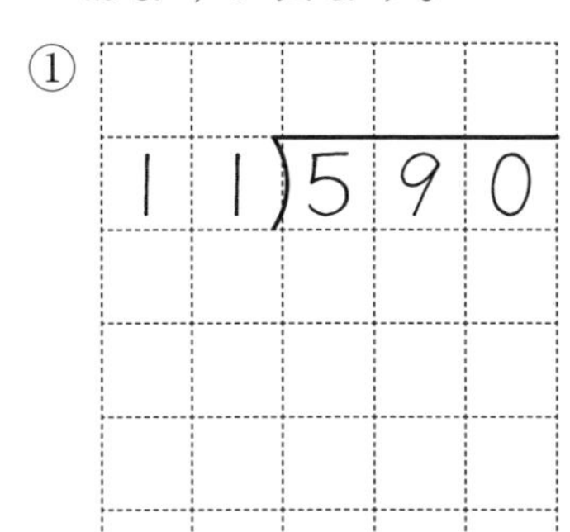

②
43)610

③
27)300

④
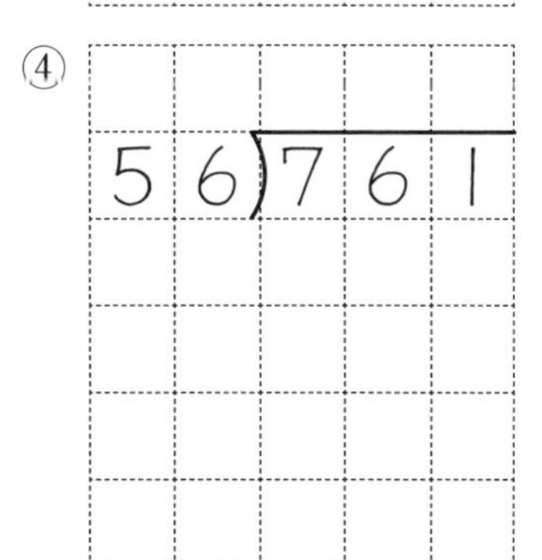

⑤
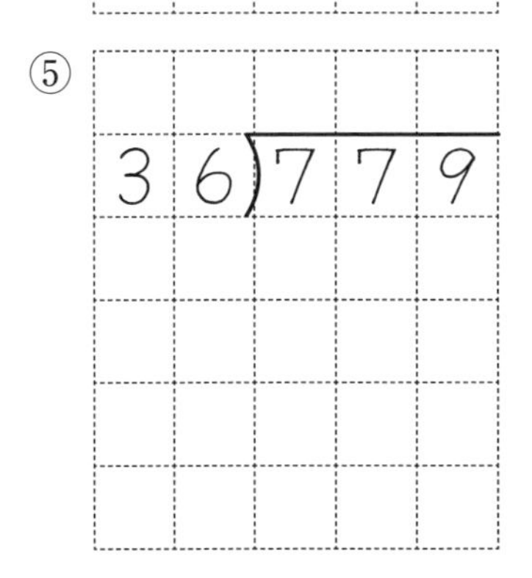

おうちの方へ

子どもたちは、あまりがあるかないかが気になるようです。
「あまりがあるよ」といえば、その気になって計算します。

わり算Ⅱ㉗

月　日

点/5点

あまりが出ます。

① $38 \overline{)486}$

② $12 \overline{)378}$

③ $22 \overline{)723}$

④ $63 \overline{)674}$

⑤ $83 \overline{)965}$

わり算Ⅱ㉘

月　日

点/5点

あまりが出ます。

① 24)545

② 65)891

③ 13)395

④
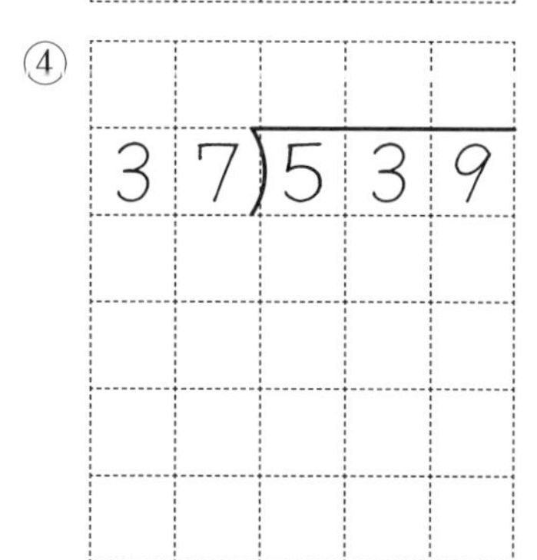

⑤

わり算Ⅱ㉙

月　日

点/5点

あまりが出ます。

①　51)684

②　25)545

③　35)790

④　67)832

⑤　74)861

あまりが出るよ。

わり算Ⅱ㉚

月　日

点/5点

あまりが出ます。

① $15 \overline{)166}$

② $34 \overline{)766}$

③ $72 \overline{)761}$

④ $26 \overline{)521}$

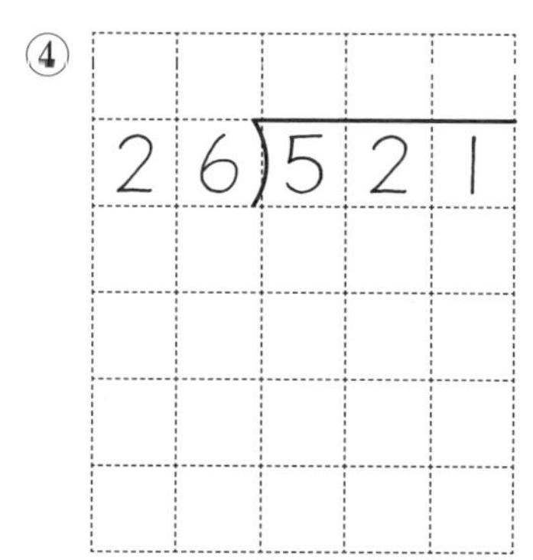

⑤ $53 \overline{)699}$

わり算Ⅱ㉛

月　日

点/5点

あまりが出ます。

① 16)1345

② 64)3148

③ 57)4323

④ 39)1733

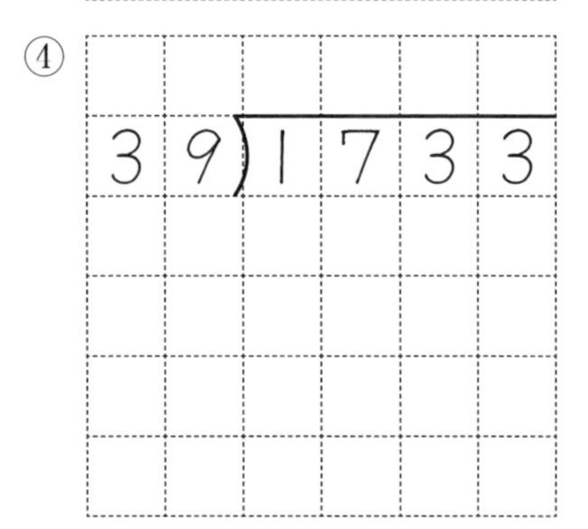

⑤ 77)3014

商のたて直しに
注意してね。

わり算Ⅱ㉜

月　日

点/5点

あまりが出ます。

①

$$52\overline{)3610}$$

②

$$18\overline{)1462}$$

③

$$46\overline{)3333}$$

④

$$68\overline{)4444}$$

⑤

$$73\overline{)4343}$$

わり算Ⅱ㉝

月　　日

点/5点

あまりが出ます。

① $49 \overline{)3123}$

② $21 \overline{)1707}$

③ $79 \overline{)6073}$

④ $54 \overline{)4155}$

⑤ $69 \overline{)4583}$

わり算Ⅱ㉞

月　日

点/5点

あまりが出ます。

①

$$56\overline{)4408}$$

②

$$78\overline{)5276}$$

③

$$28\overline{)1197}$$

④

$$82\overline{)7276}$$

⑤

$$66\overline{)3842}$$

わり算Ⅱ㉟

月　日

点/5点

あまりが出ます。

① $32 \overline{) 2498}$

② $87 \overline{) 3332}$

③ $76 \overline{) 5028}$

④ $58 \overline{) 2172}$

⑤ $41 \overline{) 2020}$

商のたて直しに
注意しよう。

わり算Ⅱ㊱

月　日

点/5点

次のわり算を筆算でしましょう。

① 238÷34　② 660÷73　③ 726÷33

④ 168÷11　⑤ 3827÷89

おうちの方へ

自分でノートにうまく配置して計算するのも大切な力です。
あまりはあるものと、ないものがまざっています。

わり算Ⅱ㊲

月　日

点/5点

次のわり算を筆算でしましょう。

① 176÷22　② 499÷62　③ 775÷25

④ 495÷35　⑤ 4140÷47

ノートにかく練習だよ。

わり算Ⅱ㊳

月　日

点/5点

次のわり算を筆算でしましょう。

① 276÷46　② 883÷97　③ 672÷48

④ 255÷12　⑤ 1320÷55

きれいにかけたかな。

わり算Ⅱ㊴

月　　日

点/5点

次のわり算を筆算でしましょう。

① 408÷51　② 450÷56　③ 954÷53

④ 736÷61　⑤ 5001÷56

字はていねいにかきましょう。

わり算Ⅱ㊵

月　日

点/5点

次のわり算を筆算でしましょう。

① 210÷42　② 152÷37　③ 273÷21

④ 999÷83　⑤ 8019÷81

わり算に、自信がつきましたか。

わり算Ⅱ㊶

月　日

点/5点

次のわり算を筆算でしましょう。

① 688÷86　② 522÷64　③ 980÷70

④ 960÷95　⑤ 1655÷29

2けたのわり算はこれで終わりです。

75 小数のかけ算①

月　日

点/14点

0.3×5　3×5＝15（小数点がない計算ならできる）

0.3は0.1が3こ　0.1が15こだから1.5

小数点をきちんとつけます。

① 0.2×2＝

② 0.3×7＝

③ 0.6×8＝

④ 0.2×9＝

⑤ 0.7×3＝

⑥ 0.6×2＝

⑦ 0.7×6＝

⑧ 0.4×8＝

⑨ 0.6×3＝

⑩ 0.8×4＝

⑪ 0.2×7＝

⑫ 0.7×4＝

⑬ 0.8×6＝

⑭ 0.9×5＝

おうちの方へ

九九の範囲でできる計算です。小数点をつけ忘れしないようにさせましょう。

小数のかけ算②

月　日

点/9点

	2	.1
×		4
	8	.4

1．位に関係なく右はしをそろえてかきます。
2．小数点を考えないで、整数のかけ算と同じようにします。
3．式で小数点以下の位がいくつかたしかめて、同じになるように小数点をうちます。

① 2.2×3

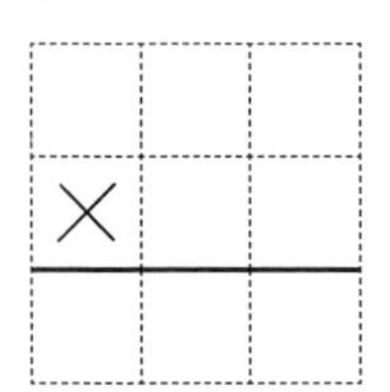

② 3.1×2

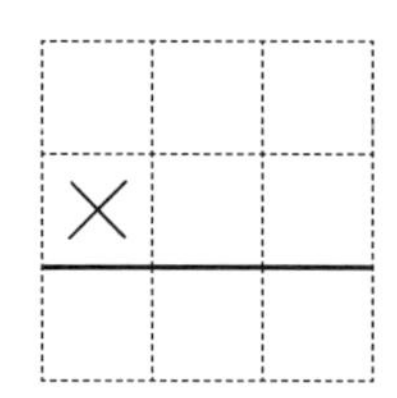

③ 2.1×4

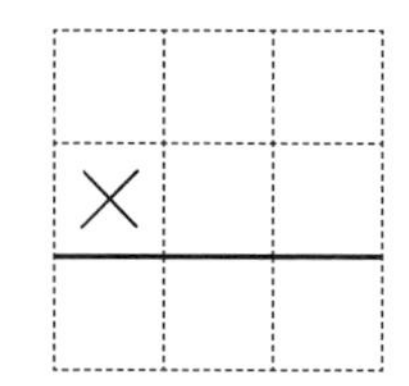

④ 3.6×3

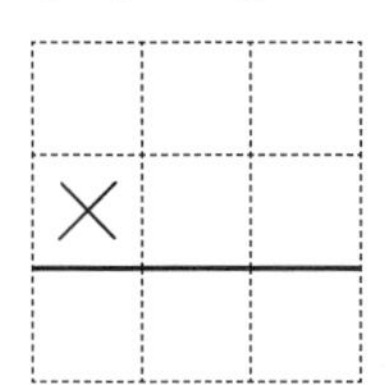

⑤ 4.4×2

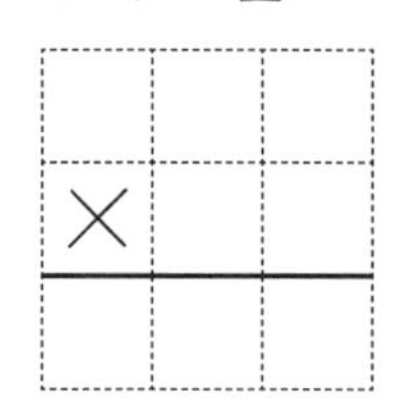

⑥ 1.5×7

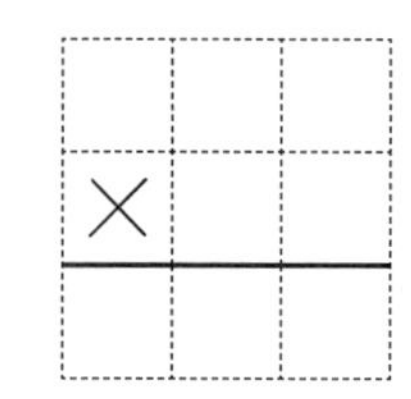

⑦ 7.2×8

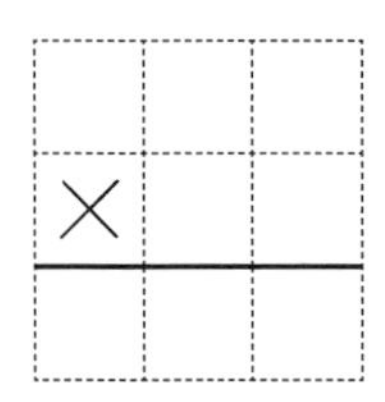

⑧ 4.8×6

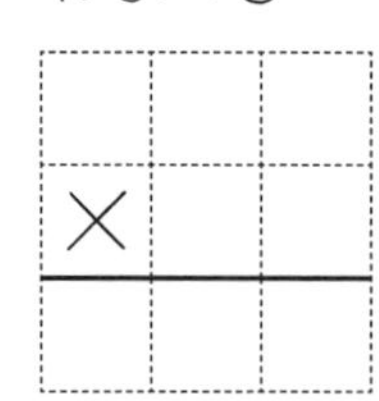

⑨ 5.9×8

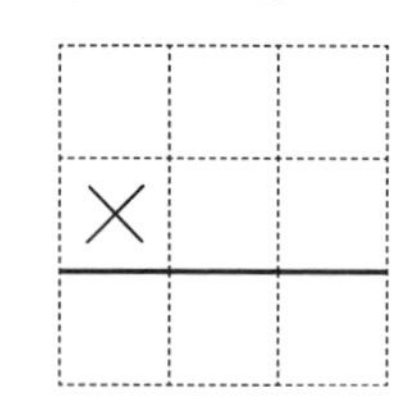

小数のかけ算③

月　日

点/9点

	3	.5
×		8
2	8	.0

1．右はしをそろえてかきます。
2．整数のかけ算と同じようにします。
3．小数点以下の数を合わせます。
4．小数点以下の右はしの０をななめ線で消します。整数のときは、小数点も消します。

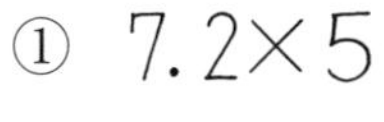

① 7.2×5

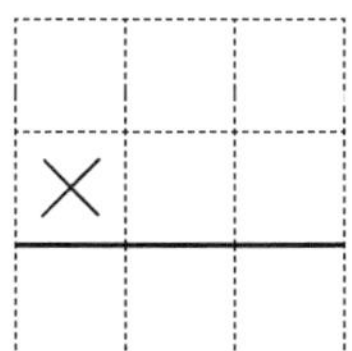

② 6.8×5

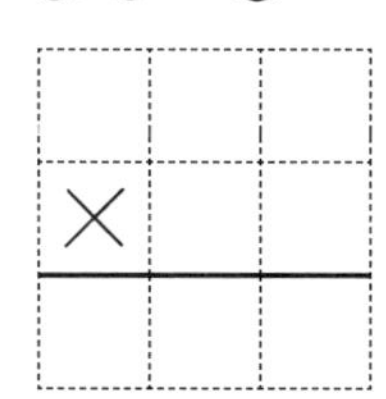

③ 2.5×6

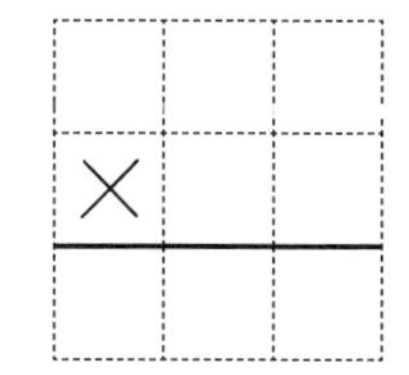

④ 9.5×8

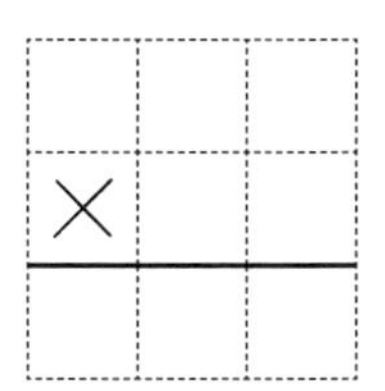

⑤ 8.4×5

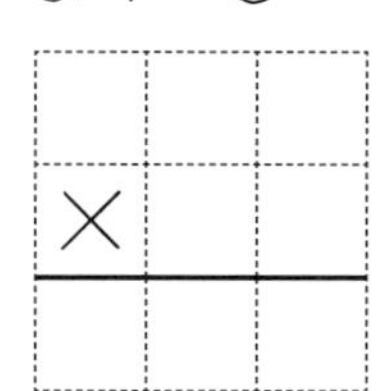

⑥ 7.5×2

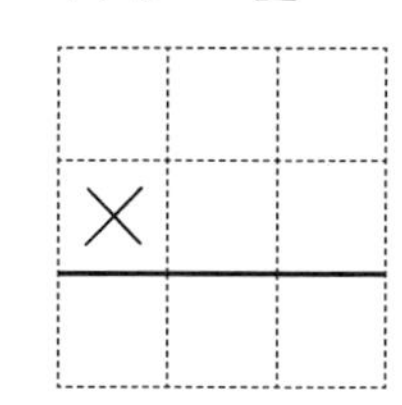

⑦ 2.4×5

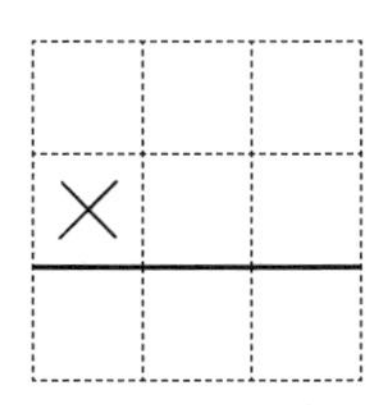

⑧ 4.5×8

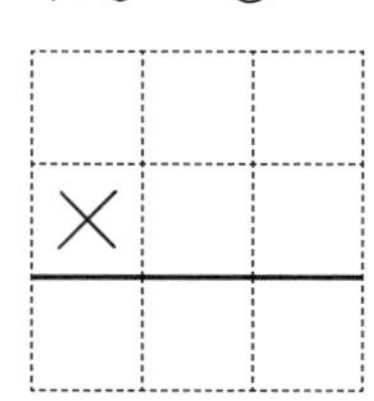

⑨ 4.8×5

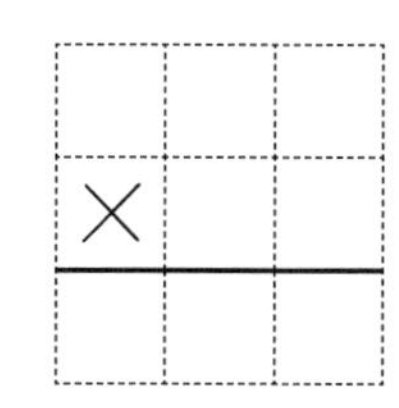

小数のかけ算④

月　日

点/8点

① 9.3×54

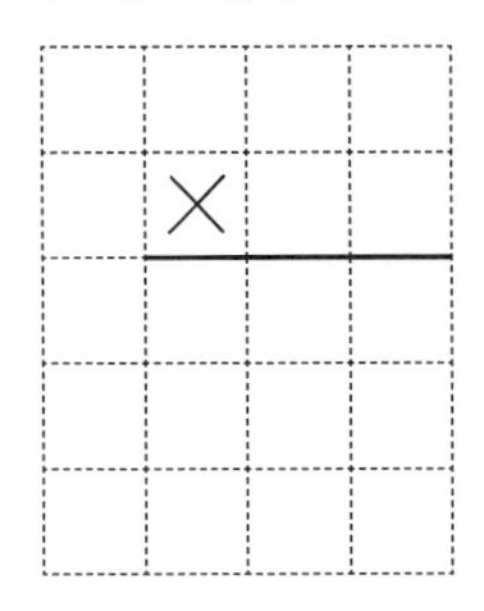

② 8.6×73

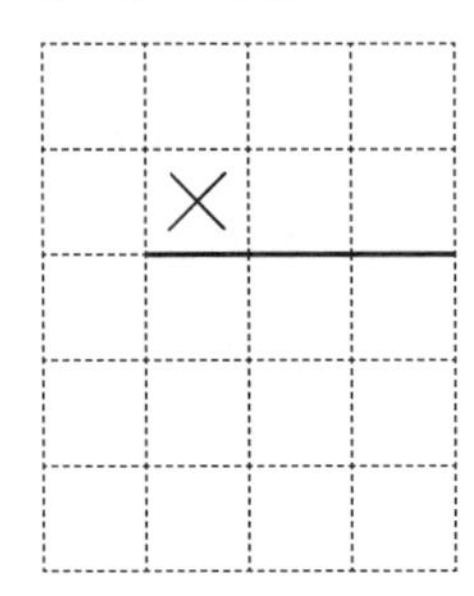

③ 9.6×34

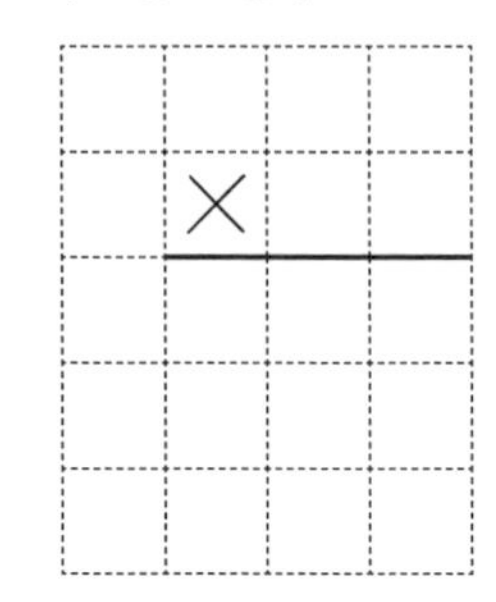

④ 9.7×24

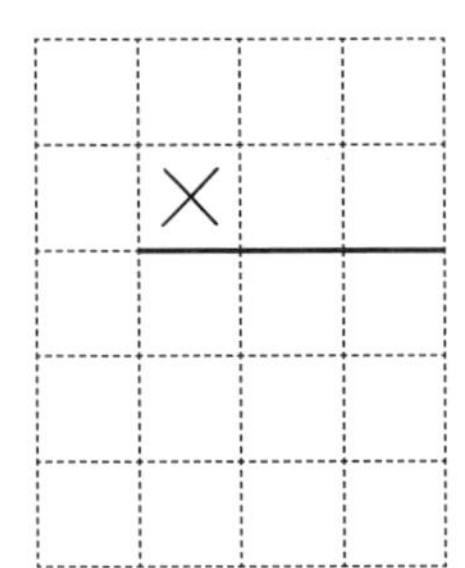

⑤ 6.4×63

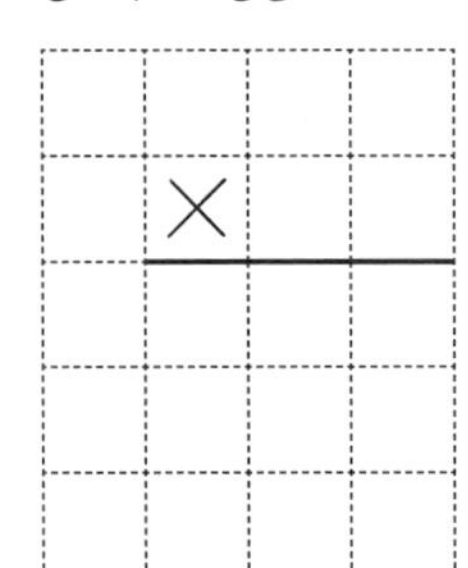

⑥ 7.2×84

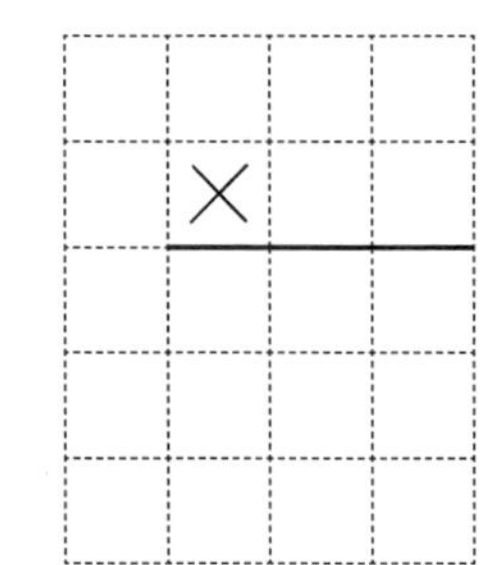

⑦ 8.3×64

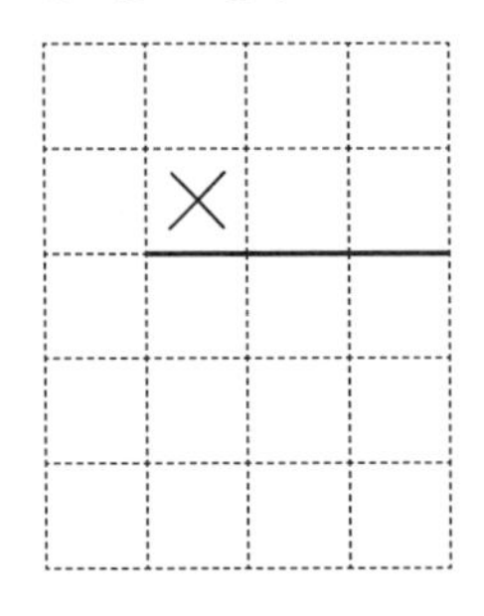

⑧ 4.6×48

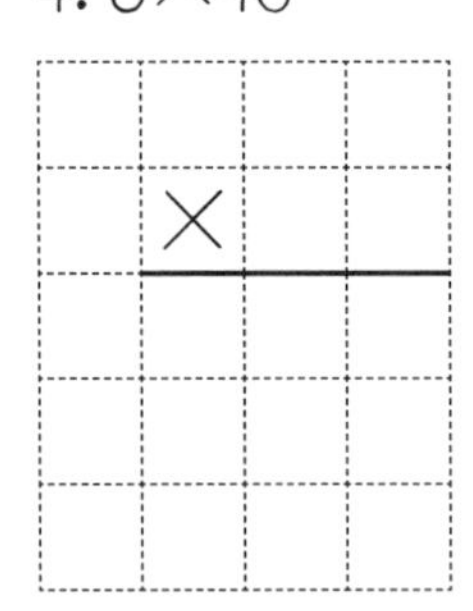

小数点をうつ場所に気をつけましょう。

小数のかけ算⑤

月　日

点/8点

① 9.4×45

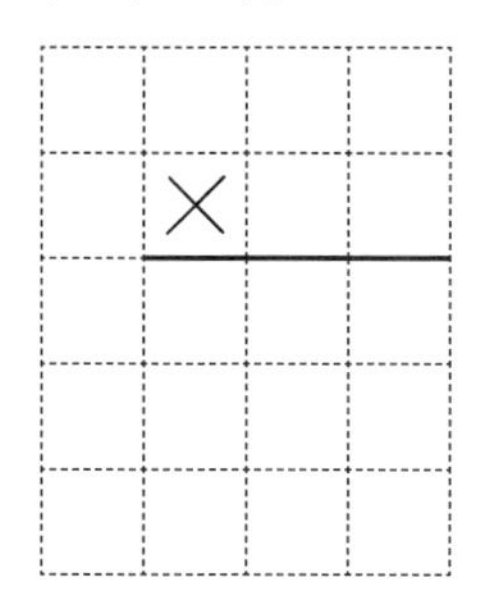

② 9.5×56

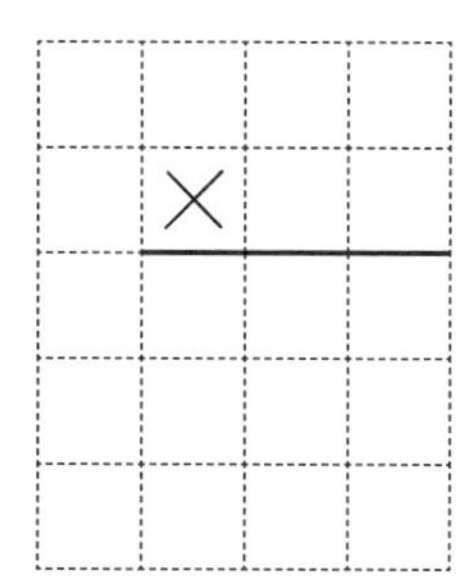

③ 9.6×75

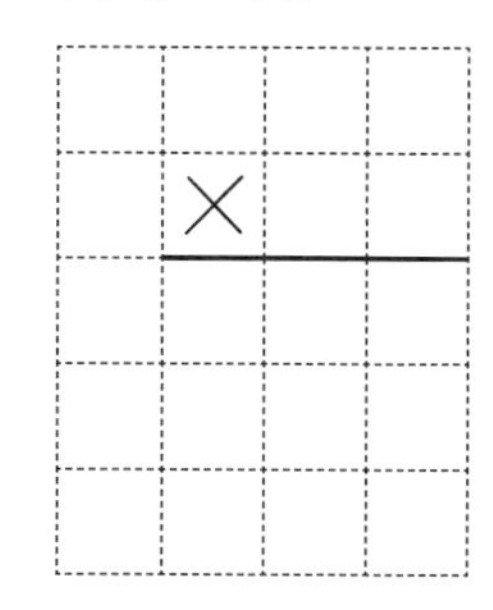

④ 4.8×35

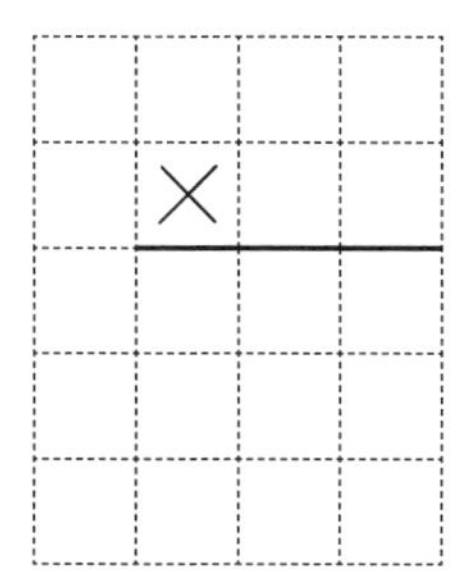

⑤ 3.2×65

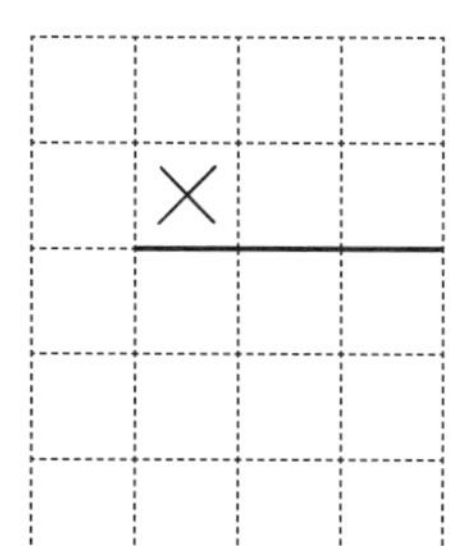

⑥ 5.4×95

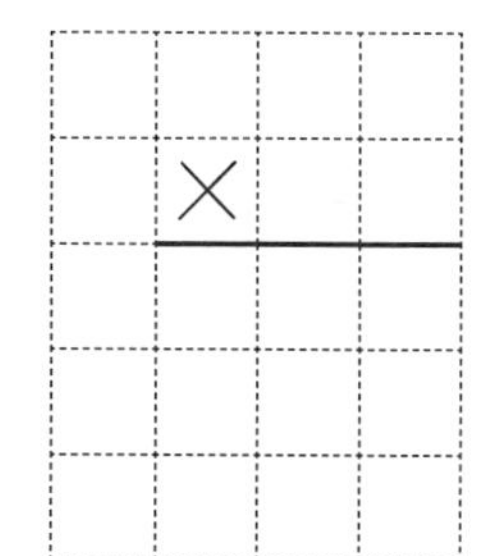

⑦ 5.2×50

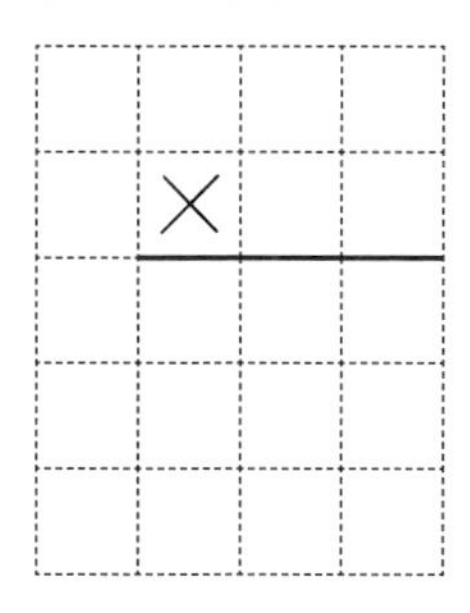

⑧ 8.5×60

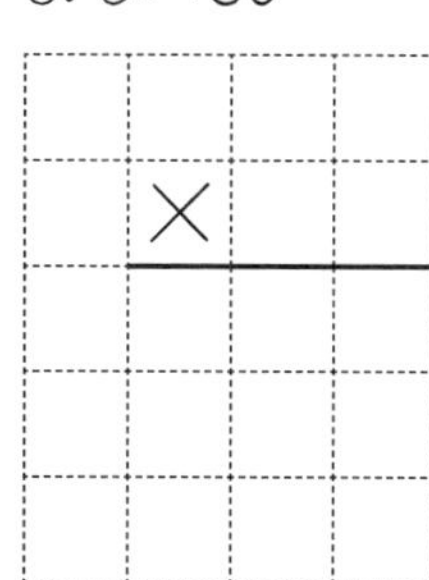

小数のかけ算⑥

月　日

点/10点

	7.	3	6
×			5
3	6.[1]	8[3]	0

1. 式の小数点の場所に気をつけましょう。
2. 答えに小数点をうつとき、式の小数点以下の位をよく見ましょう。
3. 右はしに0があるときは、ななめ線。

① 8.85×6

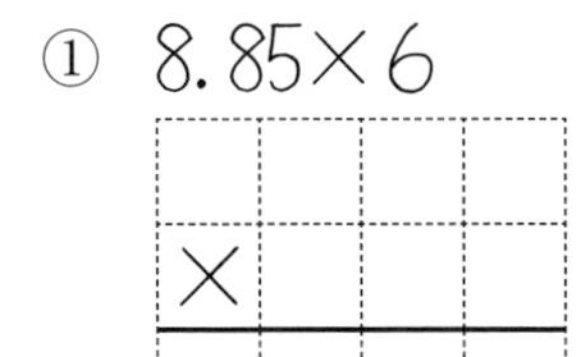

② 27.8×5

③ 34.5×4

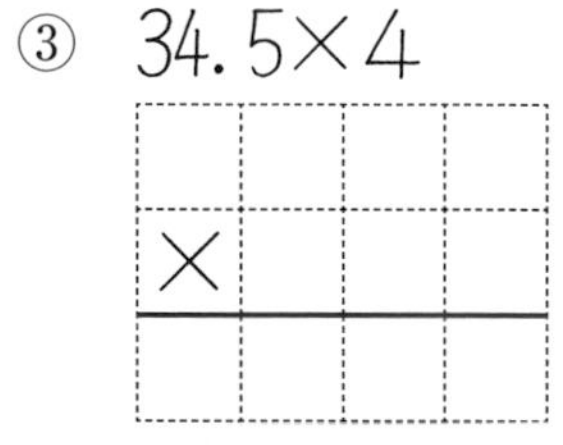

④ 5.68×2

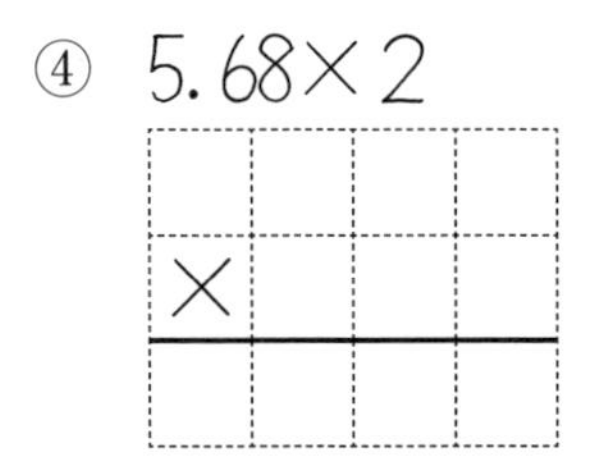

⑤ 4.29×7

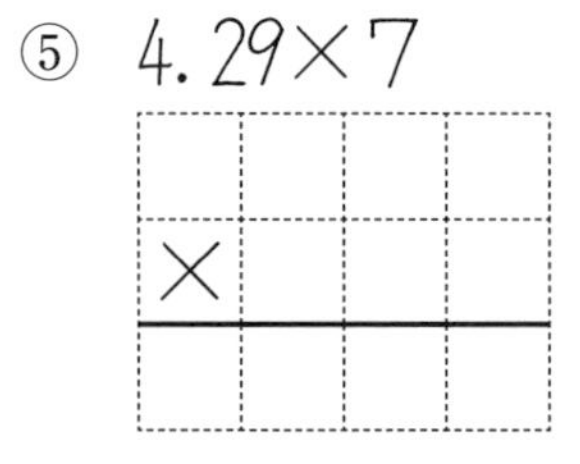

⑥ 78.5×8

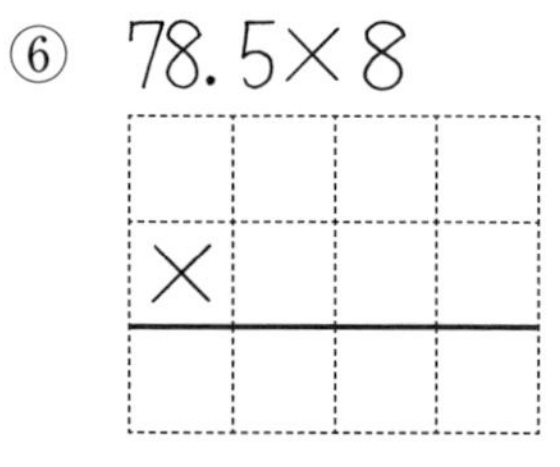

⑦ 61.8×9

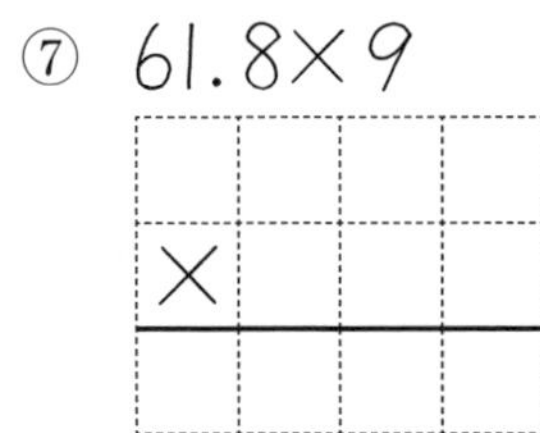

⑧ 5.79×7

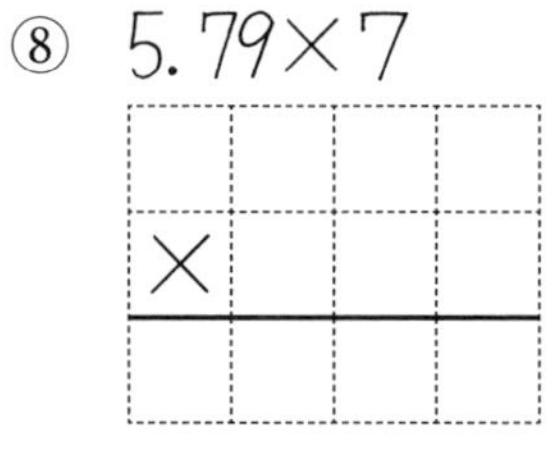

⑨ 3.65×6

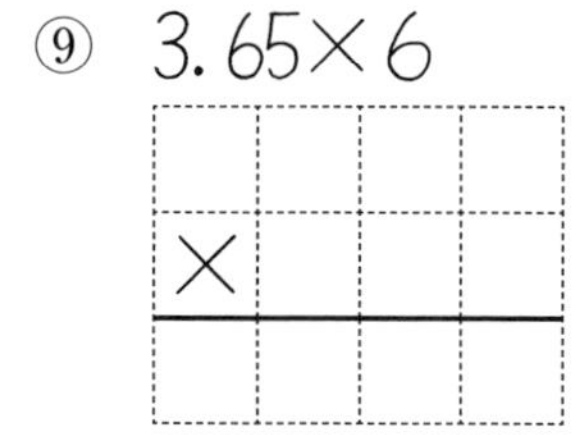

⑩ 8.79×8

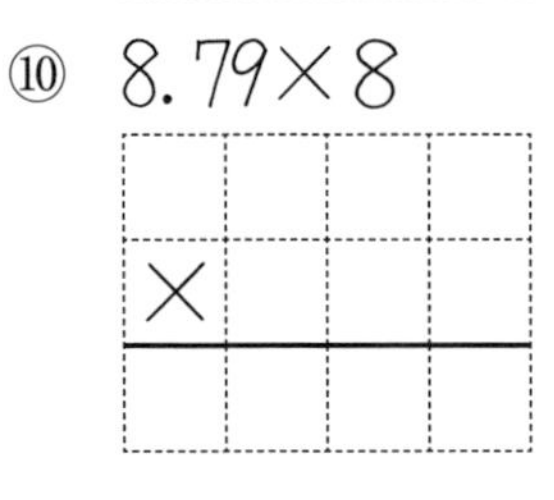

まちがい直し

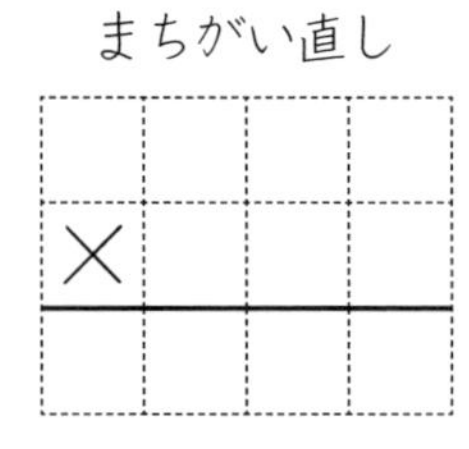

小数のわり算①

月　日

点/6点

```
    1.7
2)3.4
  2 ↓
  1 4
  1 4
    0
```

1．まず、3÷2をします。

2．商1の横に小数点をうちます。

3．4をおろして14÷2をします。

4．商は1.7です。

① 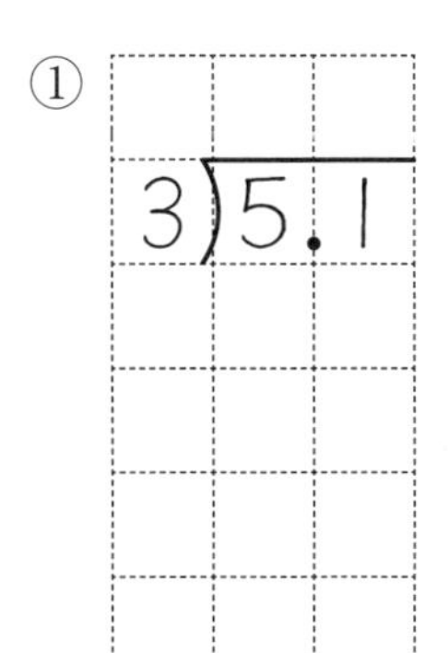

② 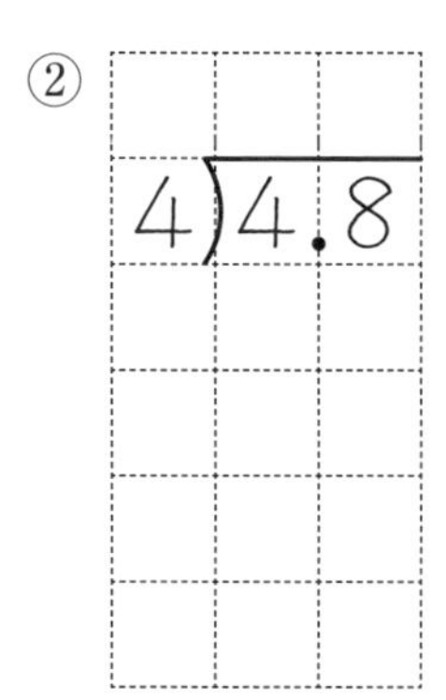

③ 

④ 7)9.1

⑤ 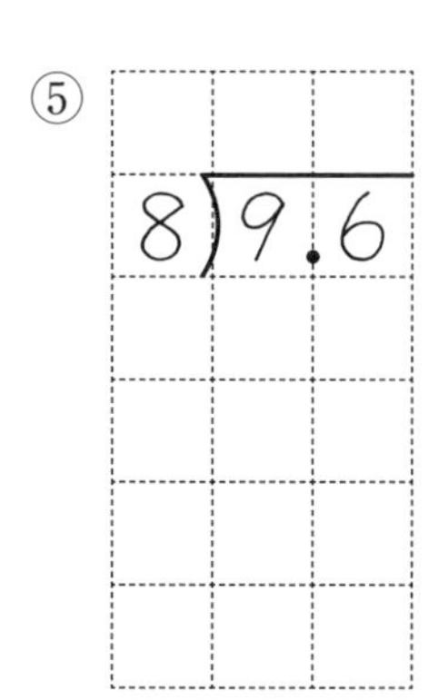

⑥ 5)9.5

おうちの方へ

小数点の扱い方が加わりますが、あとは整数のわり算のときと同じようにすればできます。

小数のわり算②

月　日

点/6点

わられる数に合わせて、商の小数点を決めます。

① $4\overline{)48.4}$

② $2\overline{)64.4}$

③ $3\overline{)39.6}$

④ $5\overline{)60.5}$

⑤ $6\overline{)78.6}$

⑥ $3\overline{)41.7}$

83 小数のわり算③

月　　日

点/9点

```
    0.7
4 )2.8
   2 8
     0
```

1．左の位の計算からはじめます。
　２÷４はできません。
　２は一の位なので０と小数点をかきます。

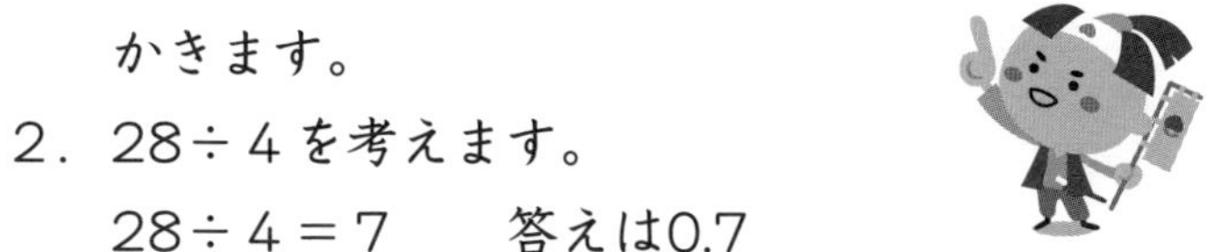

2．28÷４を考えます。
　28÷４＝７　　答えは0.7

① 4)1.2

② 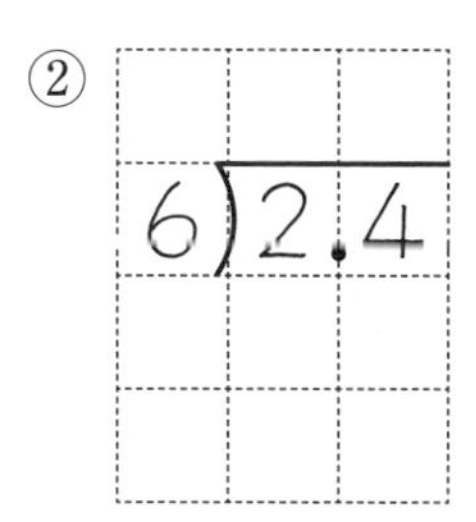

6)2.4

③ 5)3.5

④ 3)2.7

⑤ 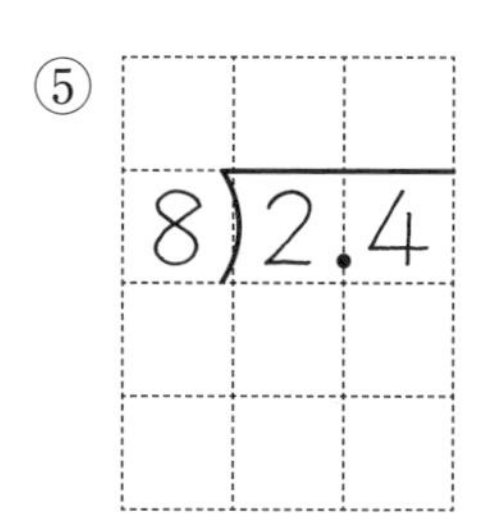

8)2.4

⑥ 7)4.9

⑦ 9)4.5

⑧ 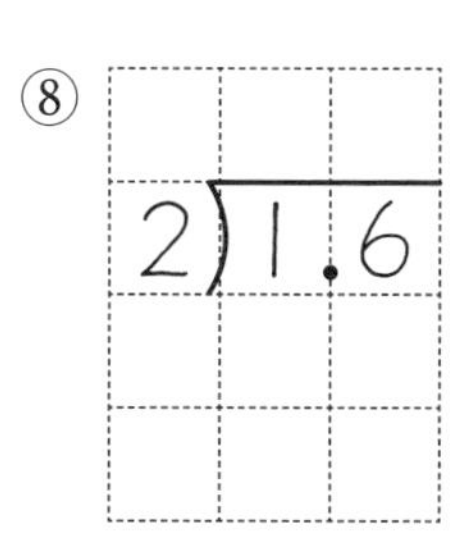

2)1.6

⑨ 6)3.6

小数のわり算④

月　日

点/6点

	×	7.	
5)	3	6.	5
	3	5	
		1	

	×	7.	3
5)	3	6.	5
	3	5	↓
		1	5
		1	5
			0

1．３÷５はできません。
2．36÷５をします。
3．７の横に小数点をうちます。
4．５をおろして、15÷５をします。

①　5)31.5

②
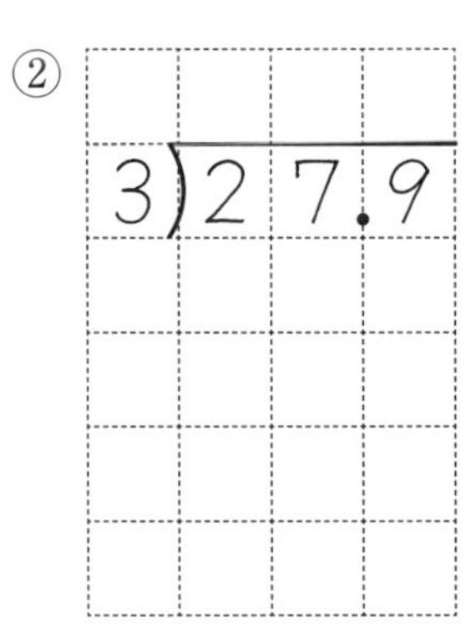

③
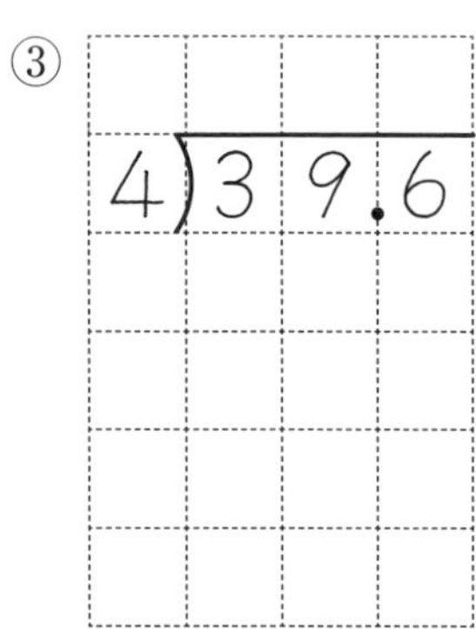

④　8)42.4

⑤
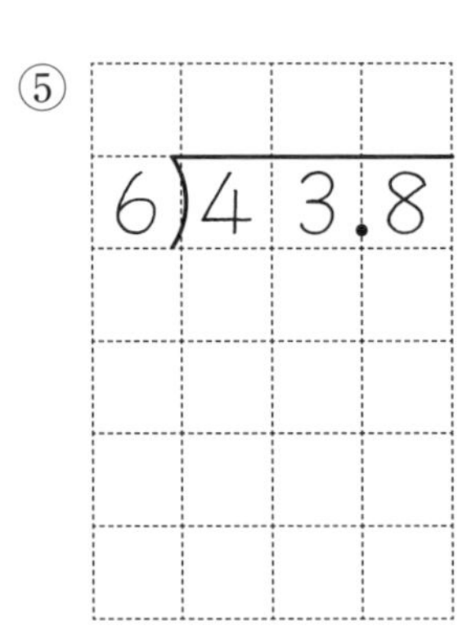

⑥
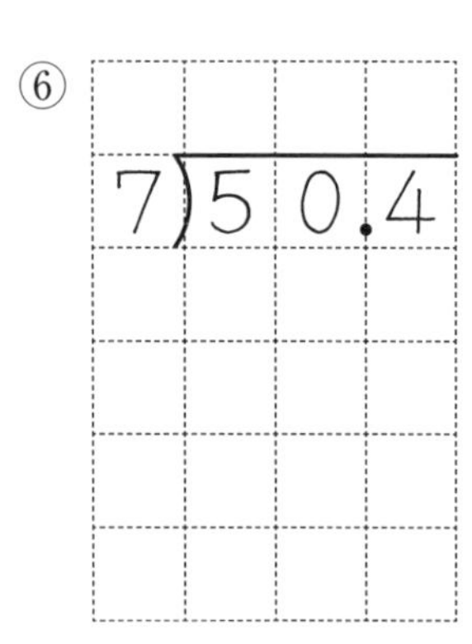

85

小数のわり算⑤

月　　日

点/4点

```
      2.
12)25.2
   24
    1
```

```
      2.1
12)25.2
   24
    12
    12
     0
```

1．２÷12はできません。
2．25÷12をします。
3．２の横に小数点をうちます。
4．２をおろし、12÷12をします。

①　12)37.2

②
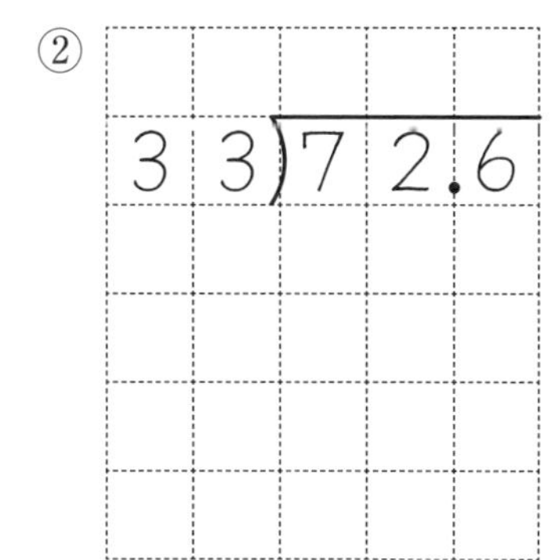

③　25)77.5

④
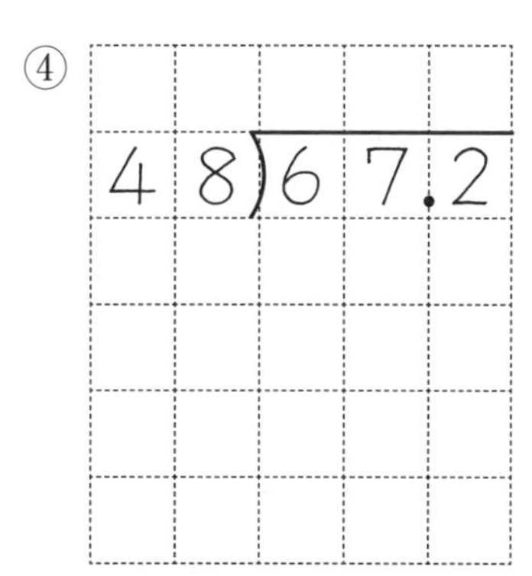

小数のわり算⑥

月　日

点/8点

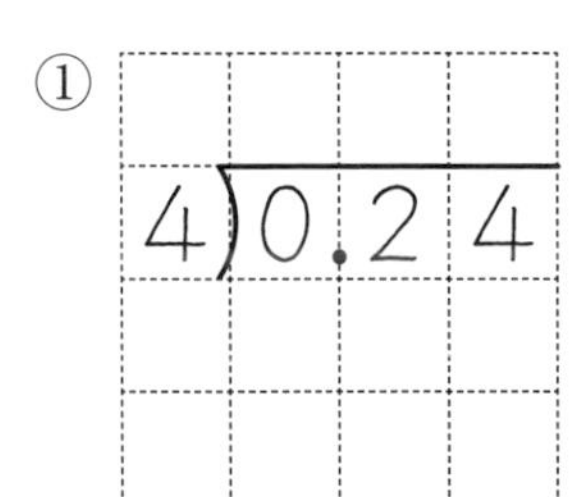

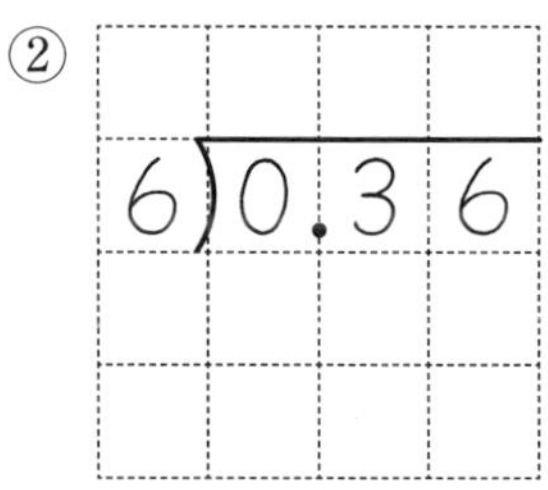

1. 0÷4はできません。
   商のらんに0. をかきます。
2. 2÷4もできません。
   商のらんにまた0をかきます。
3. 28÷4をします。
   商は0.07になります。

① 4)0.24

② 6)0.36

③ 9)0.45

④ 8)0.56

⑤ 7)0.49

⑥ 5)0.25

⑦ 8)0.424

⑧

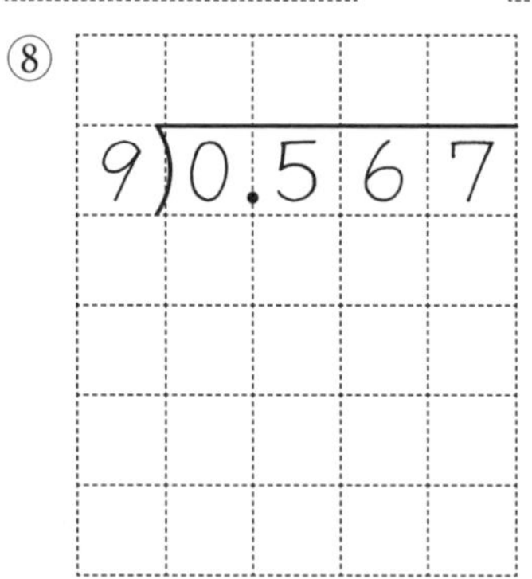

できたかな。

87 小数のわり算⑦

月　日

点/6点

	3	2	
2)	6	5.	4
	6		
		5	
		4	
		1.	4

1．一の位まで計算します。

2．わられる数の小数第１位の４をおろします。

　あまりの小数点は、わられる数の小数点の真下です。

商を一の位まで求めて、あまりを出しましょう。

①
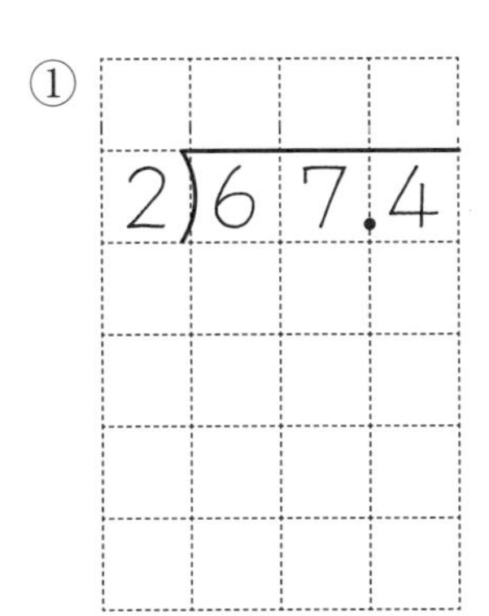

②
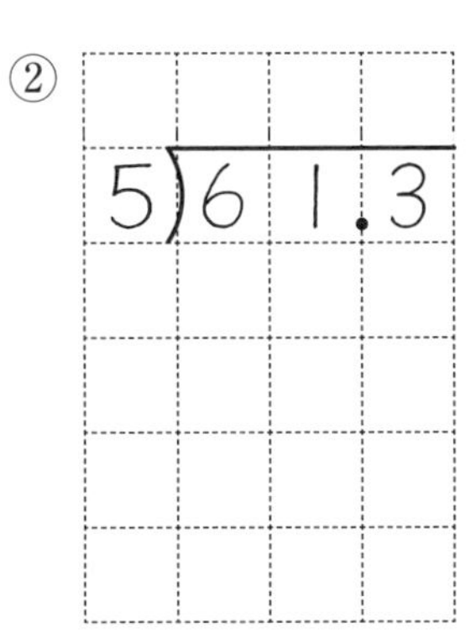

③
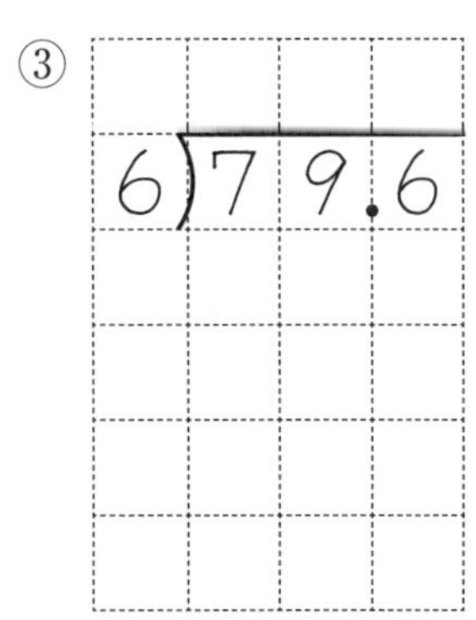

④ 3)41.2

⑤
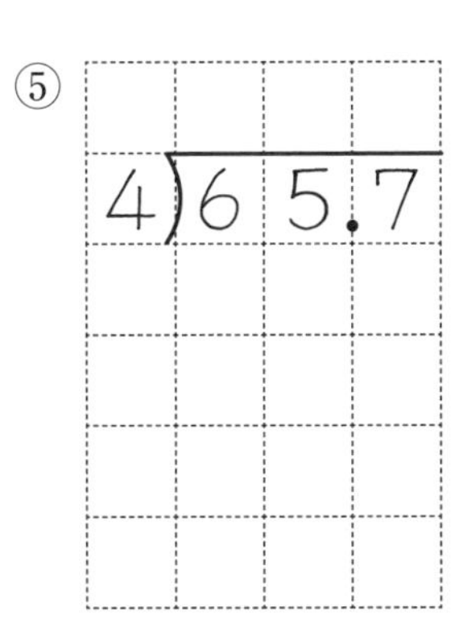

⑥ 7)85.2

88 小数のわり算⑧

月　日

点/8点

```
   0.6
5)3.0
  30
   0
```

1．3÷5はできません。
　商のらんに0．をかきます。

2．わられる数の右の位には何もないですが、0があると考えて計算します。　答えは0.6です。

①

②
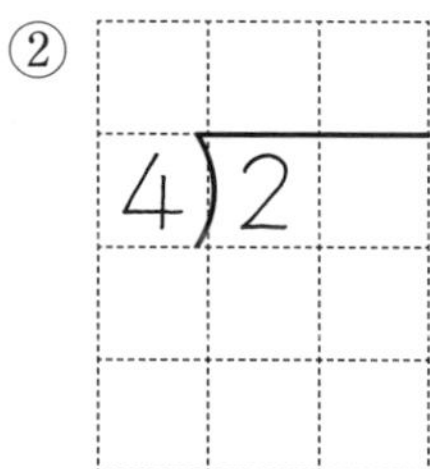

③
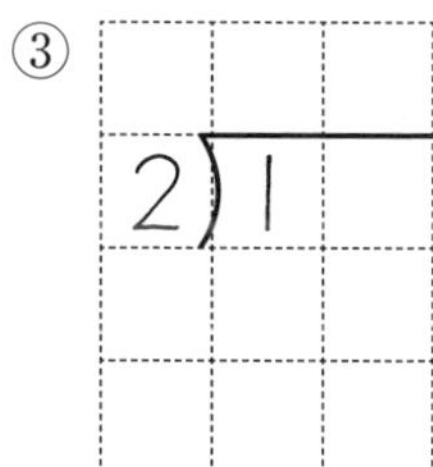

④ 15)6

⑤
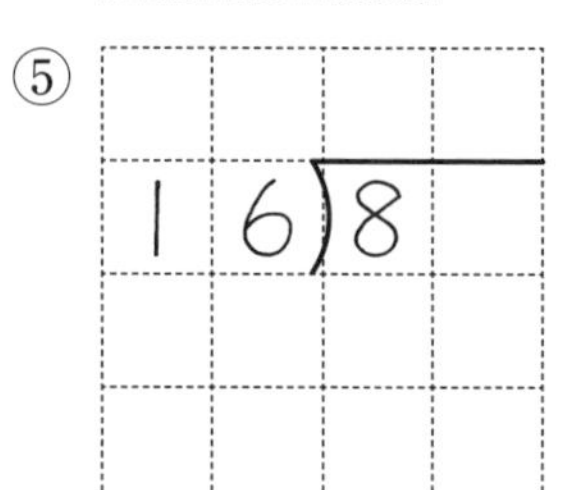

⑥ 18)9

⑦ 12)3

⑧
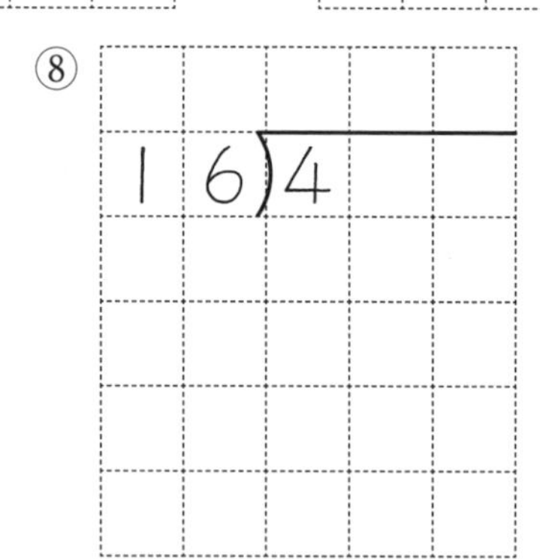

答　え

1
① 25　② 38　③ 46
④ 14　⑤ 25　⑥ 28

2
① 45　② 27　③ 24
④ 19　⑤ 14　⑥ 17
⑦ 13　⑧ 16

3
① 16　② 14　③ 13
④ 12　⑤ 12　⑥ 14
⑦ 13　⑧ 11

4
① 36…1　② 26…2
③ 15…4　④ 16…1
⑤ 15…2　⑥ 11…1
…は、「あまりの記号」とします。

5
① 29…1　② 16…3
③ 47…1　④ 14…5
⑤ 18…3　⑥ 11…3
⑦ 19…1　⑧ 11…3

6
① 146　② 136　③ 195

7
① 125　② 126　③ 115
④ 142　⑤ 149　⑥ 175

8
① 108
② 104　③ 107　④ 407

9
① 210…1　② 250…2
③ 210…3　④ 130…2
⑤ 110…3　⑥ 120…5
…は、「あまりの記号」とします。

10
① 227　② 114
③ 147…3　④ 106…2
⑤ 150　⑥ 178…3

11
① 85　② 78　③ 76
④ 68　⑤ 72　⑥ 82

12
① 93　② 76　③ 63
④ 76　⑤ 46　⑥ 77…1
⑦ 67…3　⑧ 56…1
…は、「あまりの記号」とします。

13
1.
① 1　② $1\frac{1}{3}$　③ $1\frac{2}{3}$
④ 2　⑤ $1\frac{1}{4}$　⑥ $1\frac{3}{4}$

2.
① $\frac{4}{3}$　② $\frac{5}{3}$　③ $\frac{5}{4}$
④ $\frac{7}{4}$　⑤ $\frac{11}{5}$　⑥ $\frac{13}{5}$

14
① $1\frac{1}{3}$
② $1\frac{1}{5}$
③ $1\frac{3}{5}$
④ $1\frac{1}{7}$
⑤ $1\frac{3}{7}$
⑥ $1\frac{2}{7}$
⑦ $1\frac{4}{7}$
⑧ $1\frac{2}{9}$
⑨ $1\frac{5}{9}$
⑩ $1\frac{1}{11}$

15
① 2
② $2\frac{1}{3}$
③ $1\frac{3}{5}$
④ 2
⑤ $1\frac{3}{7}$
⑥ 2
⑦ $1\frac{4}{5}$
⑧ 2
⑨ $2\frac{1}{7}$
⑩ 2

16
① $3\frac{2}{3}$
② 3
③ 4
④ $3\frac{4}{5}$
⑤ $5\frac{2}{5}$
⑥ $2\frac{6}{7}$
⑦ 5
⑧ 4
⑨ $3\frac{4}{9}$
⑩ 4

17
① $\frac{1}{2}$
② $\frac{2}{3}$
③ $\frac{1}{3}$
④ $\frac{1}{4}$
⑤ $\frac{3}{5}$
⑥ $\frac{2}{5}$
⑦ $\frac{1}{6}$
⑧ $\frac{4}{7}$
⑨ $\frac{3}{8}$
⑩ $\frac{2}{9}$

18
① $\frac{2}{3}$
② $\frac{3}{5}$
③ $\frac{3}{5}$
④ $\frac{3}{7}$
⑤ $\frac{5}{7}$
⑥ $\frac{5}{7}$
⑦ $\frac{6}{7}$
⑧ $\frac{8}{9}$
⑨ $\frac{5}{9}$
⑩ $\frac{8}{11}$

19
① $\frac{2}{5}$
② $1\frac{1}{7}$
③ 1
④ $2\frac{1}{9}$
⑤ $1\frac{4}{9}$
⑥ $\frac{5}{7}$
⑦ $\frac{6}{7}$
⑧ $1\frac{3}{7}$
⑨ $1\frac{5}{9}$
⑩ $\frac{8}{9}$

20

① $2\frac{2}{3}$　② $\frac{2}{3}$　③ $2\frac{6}{7}$　④ $1\frac{1}{5}$　⑤ $3\frac{1}{9}$

⑥ 1　⑦ $4\frac{8}{11}$　⑧ $1\frac{6}{7}$　⑨ $4\frac{7}{9}$　⑩ $1\frac{2}{9}$

21

① $\frac{3}{7}$　② $1\frac{7}{9}$　③ 4　④ 4　⑤ $\frac{9}{11}$

⑥ $1\frac{6}{11}$　⑦ $3\frac{2}{5}$　⑧ $2\frac{4}{11}$　⑨ $3\frac{2}{7}$　⑩ $\frac{10}{11}$

22

① $\frac{4}{5}$　② $3\frac{1}{7}$　③ $2\frac{3}{7}$　④ $1\frac{8}{9}$　⑤ $3\frac{5}{9}$

⑥ $\frac{7}{11}$　⑦ 4　⑧ $1\frac{6}{11}$　⑨ $4\frac{4}{11}$　⑩ $3\frac{5}{13}$

23

① $\frac{2}{4}=\frac{3}{6}=\frac{4}{8}=\frac{5}{10}=\frac{6}{12}$

② $\frac{2}{6}=\frac{3}{9}=\frac{4}{12}$

③ $\frac{2}{8}=\frac{3}{12}$　④ $\frac{2}{12}$

24

① 8.59　② 6.66　③ 8.59
④ 5.77　⑤ 6.96　⑥ 7.99
⑦ 8.82　⑧ 8.92　⑨ 9.08

25

① 6.9　② 6.9　③ 5.7
④ 8.5　⑤ 5.8　⑥ 6.9
⑦ 5.9　⑧ 7.9　⑨ 7.9

26

① 4.57　② 8.79　③ 9.14
④ 7.95　⑤ 7.02　⑥ 5.68
⑦ 7.36　⑧ 6.88　⑨ 9.23

27

① 0.567　② 1.089
③ 0.8　④ 1
⑤ 4　⑥ 3.09

28

① 13.78　② 17.29
③ 2.262　④ 26.03
⑤ 5　⑥ 62.82

29

① 2.22　② 6.11　③ 6.46
④ 3.42　⑤ 1.54　⑥ 3.32
⑦ 2.28　⑧ 6.38　⑨ 1.77

30 ① 0.6 ② 0.6 ③ 0.6
④ 4.6 ⑤ 4.4 ⑥ 1.9
⑦ 1 ⑧ 3 ⑨ 1

31 ① 3.33 ② 1.25 ③ 1.53
④ 0.66 ⑤ 2.02 ⑥ 0.99
⑦ 5.59 ⑧ 2.68 ⑨ 3.96

32 ① 2.497 ② 1.901
③ 3.059 ④ 2.043
⑤ 12.68 ⑥ 19.22

33 ① 0.993 ② 0.982
③ 0.764 ④ 40.45
⑤ 30.09 ⑥ 10.23

34 ① 6 ② 7
③ 7 ④ 8
⑤ 8 ⑥ 6

35 ① 8 ② 8
③ 5 ④ 5
⑤ 6 ⑥ 6
⑦ 6

36 ① 8 ② 8
③ 9 ④ 4
⑤ 8 ⑥ 9
⑦ 6

37 ① 21 ② 22
③ 31 ④ 14

38 ① 13 ② 14
③ 13 ④ 15
⑤ 22

39 ① 18 ② 13
③ 21 ④ 12
⑤ 13

40 ① 31 ② 43
③ 25 ④ 26

41 ① 84 ② 27
③ 34 ④ 44
⑤ 42

42 ① 37 ② 24
③ 63 ④ 43
⑤ 43

43 ① 46 ② 56
③ 58 ④ 58

44 ① 39 ② 42
③ 88 ④ 67
⑤ 86

45 ① 58 ② 87
③ 79 ④ 57
⑤ 73

46 ① 69 ② 57
③ 54 ④ 86

⑤ 46

47 ① 59 ② 87
③ 67 ④ 54
⑤ 41

48 ① 45 ② 63
③ 89 ④ 48
⑤ 58

49 ① 77 ② 48
③ 77 ④ 69

50 ① 68 ② 67
③ 66 ④ 73
⑤ 36

51 ① 78 ② 69
③ 57 ④ 78
⑤ 78

52 ① 69 ② 36
③ 76 ④ 47
⑤ 79

53 ① 64 ② 79
③ 78 ④ 77
⑤ 68

54 ① 69 ② 78
③ 77 ④ 79
⑤ 67

55 ① 79 ② 69
③ 74 ④ 68
⑤ 78

56 ① 59 ② 69
③ 52 ④ 67
⑤ 78

57 ① 47 ② 25
③ 28 ④ 38
⑤ 18

58 ① 26 ② 36
③ 37 ④ 18
⑤ 28

59 ① 53…7 ② 14…8
③ 11…3 ④ 13…33
⑤ 21…23
…は、「あまりの記号」とします。

60 ① 12…30 ② 31…6
③ 32…19 ④ 10…44
⑤ 11…52

61 ① 22…17 ② 13…46
③ 30…5 ④ 14…21
⑤ 11…16

62 ① 13…21 ② 21…20
③ 22…20 ④ 12…28
⑤ 11…47

63 ① 11…1 ② 22…18
③ 10…41 ④ 20…1
⑤ 13…10

64 ① 84…1 ② 49…12
③ 75…48 ④ 44…17
⑤ 39…11

65 ① 69…22 ② 81…4
③ 72…21 ④ 65…24
⑤ 59…36

66 ① 63…36 ② 81…6
③ 76…69 ④ 76…51
⑤ 66…29

67 ① 78…40 ② 67…50
③ 42…21 ④ 88…60
⑤ 58…14

68 ① 78…2 ② 38…26
③ 66…12 ④ 37…26
⑤ 49…11

69 ① 7 ② 9…3 ③ 22
④ 15…3 ⑤ 43

70 ① 8 ② 8…3 ③ 31
④ 14…5 ⑤ 88…4

71 ① 6 ② 9…10 ③ 14
④ 21…3 ⑤ 24

72 ① 8 ② 8…2 ③ 18
④ 12…4 ⑤ 89…17

73 ① 5 ② 4…4 ③ 13
④ 12…3 ⑤ 99

74 ① 8 ② 8…10 ③ 14
④ 10…10 ⑤ 57…2

75 ① 0.4 ⑧ 3.2
② 2.1 ⑨ 1.8
③ 4.8 ⑩ 3.2
④ 1.8 ⑪ 1.4
⑤ 2.1 ⑫ 2.8
⑥ 1.2 ⑬ 4.8
⑦ 4.2 ⑭ 4.5

76 ① 6.6 ② 6.2 ③ 8.4
④ 10.8 ⑤ 8.8 ⑥ 10.5
⑦ 57.6 ⑧ 28.8 ⑨ 47.2

77 ① 36 ② 34 ③ 15
④ 76 ⑤ 42 ⑥ 15
⑦ 12 ⑧ 36 ⑨ 24

78 ① 502.2 ② 627.8 ③ 326.4
④ 232.8 ⑤ 403.2 ⑥ 604.8
⑦ 531.2 ⑧ 220.8

79 ① 423 ② 532 ③ 720
④ 168 ⑤ 208 ⑥ 513
⑦ 260 ⑧ 510

80 ① 53.1 ② 139 ③ 138
④ 11.36 ⑤ 30.03 ⑥ 628
⑦ 556.2 ⑧ 40.53 ⑨ 21.9
⑩ 70.32

81 ① 1.7 ② 1.2 ③ 1.2
④ 1.3 ⑤ 1.2 ⑥ 1.9

82 ① 12.1 ② 32.2 ③ 13.2
④ 12.1 ⑤ 13.1 ⑥ 13.9

83 ① 0.3 ② 0.4 ③ 0.7
④ 0.9 ⑤ 0.3 ⑥ 0.7
⑦ 0.5 ⑧ 0.8 ⑨ 0.6

84 ① 6.3 ② 9.3 ③ 9.9
④ 5.3 ⑤ 7.3 ⑥ 7.2

85 ① 3.1 ② 2.2
③ 3.1 ④ 1.4

86 ① 0.06 ② 0.06 ③ 0.05
④ 0.07 ⑤ 0.07 ⑥ 0.05
⑦ 0.053 ⑧ 0.063

87 ① 33…1.4 ② 12…1.3
③ 13…1.6 ④ 13…2.2
⑤ 16…1.7 ⑥ 12…1.2
…は、「あまりの記号」とします。

88 ① 0.8 ② 0.5 ③ 0.5
④ 0.4 ⑤ 0.5 ⑥ 0.5
⑦ 0.25 ⑧ 0.25